우주를 사랑한 수식

〈UCHU NO HIMITSU WO TOKIAKASU 24 NO SUGOI SUSHIKI〉

Copyright © 2022 Yuichi Takamizu
Korean Translation Copyright © 2025 by JIWAIN

Original Japanese edition published by Gentosha Inc.
Korean translation rights arranged with Gentosha Inc.
through The English Agency (Japan) Ltd. and Danny Hong Agency

이 책의 한국어판 저작권은 DHA에이전시를 통해 저작권자와 독점계약을 맺은 지와인에 있습니다.
저작권법에 의해 한국 내에서 보호를 받는 저작물이므로 무단전재와 복제를 금합니다.

인간의 사고가 만들어낸
가장 아름다운 언어

우주를 사랑한 수식

다카미즈 유이치 지음

지웅배(우주먼지) 감수 | 최지영 옮김

지와인

일러두기

- 단행본은 『 』, 논문은 「 」, 영화 등의 작품 제목은 〈 〉로 표기했습니다.
- 외국 인명과 용어 등은 국립국어원 어문 규정의 외래어 표기법을 따랐습니다. 일부 용어의 경우 관용 표현을 따랐습니다. 한국 독자들에게 낯선 용어 등은 이해하기 편한 표현으로 대체했습니다.
- 감수자 해설은 [ ]로 표기했습니다.

한국 독자들을 위한 저자 특별 인터뷰

수식은 새로운 세계를 여는 일

Q. 우주 연구, 물리학과 수학이 놀라운 발전을 이루고 있습니다. 다카미즈 유이치 박사님께서 하시는 연구도 많이 달라지고 있는지요?

A. 과학 분야의 연구는 이제 경계 없이 서로 오가며 발전하고 있습니다. 몇 년 전 우주 연구에 쓰이는 기술이 인체 의학에 응용될 수 있다는 발표가 있었습니다. 은하에서 빛이 전파되는 것을 연구하는 기술이 체내에서 암의 위치를 특정하는 데 사용될 수 있다는 것이었습니다. 우주 연구와 의료 기술이 연관되는 시대가 오다니 꿈만 같은 이야기죠. 저도 많은 변화를 겪고 있습니다. 최근에 저는 쓰쿠바대학 계산과학 연구센터 연구원에서 일반 기업으로 옮겼는데요. 우주가 아닌 기계 학습과 AI에 관한 연구를 하고 있습니다. 이 분야에서도 수학과 물리학이 중요한 것은 다르지 않습니다.

Q. 박사님은 영국 케임브리지 이론 우주론 센터에서 스티븐 호킹(Stephen Hawking) 박사의 가르침을 받으셨다고 알고 있습니다. 두 분 사이에 인상적인 일화가 있을지요?

A. 개인적인 일화가 많지는 않습니다. 기억나는 일이 하나 있는데요. 어느 날 연구실에 갔는데 책상 위에 편지 한 통이 있었습니다. 열어보니 놀랍게도 호킹 박사님이 보낸 디너 파티 초대장이었어요. 파티 당일, 칼리지의 웅장한 연회장에 발을 내딛으니 가운을 걸친 교수진들이 모여들더라고요. 교수들이 길쭉한 테이블에 앉은 모습은 마치 영화 〈해리 포터〉 같았습니다. 휠체어에 탄 호킹 박사님이 기품 있게 등장했는데, 영화 속 장면 같아서 지금도 똑똑히 기억납니다. 신사적이고 멋진 면모도 있지만, 거리에서 휠체어 과속 주행으로 '폭주 열차'라는 별명도 있었습니다. 동전의 양면처럼 재미있는 분이었습니다.

Q. 젊은 시절 알베르트 아인슈타인(Albert Einstein)에게 빛의 운동이야말로 세상에서 제일 궁금한 일이었듯, 박사님께도 그런 주제가 있었을 것 같습니다.

A. 데즈카 오사무(手塚治虫)가 그린 『상대성 이론』이라는 만화책이 있습니다. 거기에 "빛의 속도에 가까워지면 시간이 느려진다"라는 말이 나와요. 이 말이 너무나 신기해 상대론에 흥미

를 가지게 되었습니다. 보통 천문학자는 별에 흥미가 있는 경우가 많지만, 저는 처음부터 상대론이 재미있었습니다. 상대론이 자주 등장하는 무대는 일상이 아니라 우주라는 것을 알게 되고, 서서히 우주라는 광대하고 신기한 세계를 알고 싶어졌습니다.

Q. 이 책에서 우주와 수식을 연결하여 설명하시려고 한 이유가 무엇일까요?

A. 수식은 우주를 나타내는 최고의 언어이니까요. 수식에는 우주와의 연결, 과학 연구의 의미만이 아니라 문자로서의 아름다움도 포함되어 있지요. 이런 수식의 매력을 일반인들에게도 전하고 싶었습니다. 보통의 사람들을 대상으로 알기 쉽게 우주 이야기를 하는 책에는 대부분 수식이 생략됩니다. 하지만 읽기 힘들고 그 의미를 정확히 이해하기 어려워도, 수식 자체를 접하는 것과 접하지 않는 것은 매우 다릅니다. 불교 경전에서 고대 산스크리트 문자를 그대로 보고, 쿠란 경전에서 아랍어를 그대로 보는 것처럼요.

Q. 수식에 매료된 박사님의 개인적인 계기가 궁금합니다.

A. 사실 저는 물리학과 수학을 공부하며 일상적으로 수식을 접해와서 별생각이 없었습니다. 그런데 어느 날 제 논문을 우연

히 본 문과 친구가 "이 글자들 뭐야? 멋있네?"라며 수식을 가리켰어요. 그때 처음으로 수식을 모르는 사람에게는 수식들이 마치 주문처럼 알쏭달쏭하게 보인다는 것을 깨달았습니다.

Q. 보통의 사람들에게 수식을 사용하신 경험이 있나요?

A. 있습니다. 술자리에서 아인슈타인 방정식을 모르는 친구에게 종이에 써서 보여준 적이 있어요. "이게 우주의 시공이고, 이건 우주의 모든 물질, 여기에 빛의 속도가 들어가고…"라고 설명하자 의외로 진지하게 들었습니다. 다 듣더니 뜻을 몰라도 수식을 한번 써보고 싶다고 말하더군요.

Q. 이 책에는 수많은 수학자들이 나오는데요. 그중 제임스 맥스웰(James Maxwell)을 유독 좋아하시는 것 같습니다. 이유가 무엇일까요?

A. 맥스웰도 케임브리지 학생이었습니다. 케임브리지에서 그의 초상화를 비롯하여 관련 자료를 많이 보았습니다. 그래서 친근하게 느껴집니다. 특히 수염이 멋있지요. 또한 폭넓은 연구 분야 역시 그의 매력 중 하나입니다. 무지개와 전기, 기체와 열처럼 일상에서 누구나 신기하다고 느끼는 것들에 대해 넓고 다양한 연구를 했어요. '호기심 천국' 같은 사람이었을 것 같습니

다. 마찬가지로 다양한 분야에 흥미가 있는 연구자였던 리처드 파인먼(Richard Feynman)도 좋아합니다.

Q. 수식을 써 붙이고 계속 바라보았던 카를로 로벨리(Carlo Rovelli)처럼 박사님도 수식에서 진리를 깨닫거나, 영감을 얻어 연구를 진행하신 경험이 있으신가요?

A. 아쉽게도 수식을 본다고 특별한 영감이 떠오르거나 하진 않습니다(웃음). 하지만 연구자 중에는 꿈이나 일상생활에서 영감을 받고 연구를 해나가는 경험을 하는 사람은 많습니다. 저도 꽉 막혀버린 연구가 있었는데 운동을 하다가 실마리가 떠올랐던 적이 많습니다.

Q. 만약 박사님 이름을 따서 문자나 수식을 만든다면 어떻게 이름 짓고 싶으신가요? 또한 어떤 내용의 문자나 수식에 박사님의 이름을 걸고 싶으신가요?

A. 우주론 논문에 제가 이끌어낸 '슈퍼 호라이즌(super horizon)'이라는 우주 최장(最長) 흔들림에 대한 수식이 있습니다. 이 수식에 이름을 붙이고 싶습니다. '우주 초지평선 방정식'이라고 할까요. '초(超)'라는 글자가 멋지게 들리네요.

Q. 『박사가 사랑한 수식』이라는 소설에서 영감을 얻어 한국어판 제목을 '우주를 사랑한 수식'이라고 부르고 있습니다. 수식과 사랑에 빠지는 책으로 만들고 싶은 바람이 담겨 있는데요. 이 제목은 어떠신가요?

A. 정말 멋진 제목이에요. 원서의 '대단한 수식'보다 '사랑한 수식'이라는 말의 울림이 로맨틱하고 매력적입니다. 독자들이 좋아할 만한 좋은 제목입니다.

Q. 아무리 멋지다고 해도 수식 자체는 너무 어렵습니다. 수포자를 위해, 수학적 사고를 키우기 위해 필요한 태도나 노력에 대한 조언을 부탁드립니다.

A. 우선은 흥미를 갖는 일부터 시작하는 게 중요합니다. 계기가 되는 입문서를 읽으면 좋을 것 같아요. 수학을 어려워하는 많은 사람들이 '계산이 어렵다' '이런 걸 알아서 뭐하냐'라고 말합니다. 그런데 사실 수학은 계산 그 자체보다는 우리의 일상 혹은 우주에 대한 설명입니다. 문제를 푸는 일이 아니라 새로운 세계에 눈을 뜨는 일입니다. 중요한 건 흥미를 느끼느냐 아니냐일 것 같습니다. 우리가 외국어를 몰라도 여행을 가고 싶듯이, 그렇게 생각하면 수식을 더 적극적으로 받아들일 수 있다고 봅니다.

감수자의 말
— 지웅배(우주먼지)

과학에서 수식은 곧 언어이며, 그 언어는 시(詩)에 가깝다. 수식과 시는 놀라울 정도로 닮았다. 둘 다 짧다. 하지만 그 짧음은 결코 단순함을 뜻하지 않는다. 오히려 그 함축된 기호와 표현 뒤에는 방대한 사유와 시간이 응축되어 있다. 시는 가능한 한 모든 군더더기를 걷어내고, 최소한의 언어로 감정과 세계를 담아내려는 고도의 노력의 산물이다. 수식 또한 그렇다. 단 몇 줄의 수식 속에 수십 년, 아니 수천 년에 걸친 천문학적 관측과 물리학적 직관, 철학적 사유가 녹아든다. 수식은 인간의 경험과 직관을 넘어, 우주의 근본 구조를 고작 몇 개의 기호로 압축한다. 그리고 그 기호들은 존재하는 사물과 현상을 넘어 형이상학의 세계로, 손에 닿지 않는 차원의 진실로 우리를 이끈다. 이것이야말로 과학이 지닌 가장 순수한 미학이며, 과학이 도달할 수 있는 가장 깊은 진실의 언어다.

그럼에도 불구하고 지난 수십 년 동안 수많은 대중 과학서에서 수식은 의도적으로 배제되어 왔다. 과학 출판 업계에서는 이런 말이 농담처럼 회자된다. "수식 하나가 들어가면 독자가 절반으로 줄어든다." 결국 수식은 독자를 넓히기 위한 전략적 선택 속에서 책의 페이지에서 사라지는 운명을 맞았다. 저자들은 그 희생을 기꺼이 감수했고, 덕분에 많은 사람들이 물리학과 천문학이라는 낯선 세계에 조금 더 쉽게 다가갈 수 있었던 것도 사실이다. 그럼에도 나는, 늘 마음 한구석에 의문을 품고 있었다. 과연 그것이 올바른 길이었을까? 수식 없이 전해지는 물리학은 과연 '물리학'이라 부를 수 있을까? 그 책들 속의 설명은 정말로 내가 사랑하는 물리학과 천문학의 아름다움을, 그 본질을, 고스란히 전달하고 있었던 것일까? 혹시 '친절함'이라는 이름으로 과학의 본질이 조용히 훼손되고 있었던 것은 아닐까?

수식 없이 물리학을 설명한다는 것은 근본적으로 모순이다. 이는 마치 그림 한 장 없이 미술사를 설명하는 것과 다르지 않다. 클래식 음악을 음표 하나 없이, 오직 말로만 소개한다고 상상해보라. 렘브란트의 섬세한 명암법, 피카소의 입체주의, 고흐의 몽환적인 붓질을 캔버스 없이 설명한다고 생각해보라. 개념적 틀을 전달하는 수준에서는 어느 정도 가능할지도 모른다. 하지만 그 본질에 다다르는 데는 분명 한계가 있다. 감동은 설명에서 오는 것이 아니다. 표현 그 자체에서 온다. 수식은 물리학의 표현이다. 그 몇 줄의 기호 속에 과학자들이 마주한 세계의 경이로움이 고스란히 담겨 있다.

수식은 처음엔 차갑고 무미건조한 숫자와 기호의 나열처럼 보일지 모른다. 하지만 그 속에 담긴 모든 기호는 수천 년에 걸쳐 인류가 우주를 이해하기 위해 쌓아 올린 합의와 약속의 결정체다. 수식은 인간을 위해 존재하지 않았던 우주의 원리를, 인간이 이해할 수 있는 언어로 최대한 충실히 번역하려는 치열한 노력의 결과다. 수식의 가장 놀라운 점은 그것이 결코 고립된 존재가 아니라는 사실이다. 각각의 수식은 홀로 완성되지 않는다. 오히려 그것은 또 하나의 기호가 되어, 다른 수식들과 함께 거대한 이론의 톱니바퀴를 구성한다. 때로는 서로 전혀 다른 분야에서 등장한 수식들이 마치 오랫동안 기다려온 조각처럼 정확하게 맞물리며, 오래도록 풀리지 않던 난제를 해결하는 실마리가 되기도 한다. 이처럼 광활하고 복잡한 우주의 구조가 단 몇 줄의 수식으로 표현될 수 있다는 사실만으로도, 우리는 자연의 수학적 완결성과 그 안에 깃든 조화로움을 느낄 수 있다. 수식은 단지 과학의 언어가 아니라 우주가 우리에게 허락한 가장 순수한 형태의 아름다움일지도 모른다.

놀랍게도 인간은 복잡하고 장황한 수식보다는 단 몇 글자로 정돈된 수식에서 더 큰 아름다움과 위안을 느낀다. 이리저리 기호가 덕지덕지 붙어 혼란스러운 수식은 마치 아직 생각의 파편이 정돈되지 못한 것처럼 보인다. 본질에 다가가지 못한 채 주변을 맴도는 미완의 작품처럼 보일 뿐이다. 반면 단순하면서도 명료한 수식은 복잡하게만 보였던 세계가 실은 놀라울 만큼 단순한 원리에 의해 움직인다는 확신을 심어준다. 그리고 어쩌면 우리도 그 원리에 다가갈 수 있을지 모른다는 희망을 품게 한다. 예를 들어 아인슈타인의 에너지-질량 등가 원리를 보여주는 수식을 떠올려보라. $E=mc^2$ 단 3개의 기호로 이루어진 이 수식은 질량과 에너지가 곧 동등하다는 우주의 본질을 고스란히 담고 있다. 이 단순한 수식 한 줄, 아니 몇 개의 기호만으로 우리는 시공간의 팽창 그 시작점을 상상할 수 있다. 우주의 본질과 기원을 이토록 간단한 형태로 담아낼 수 있다니, 이보다 더 시적인 표현이 또 있을까!

그래서 나는 이 책이 한 편의 시집처럼 느껴진다. 물리학과 천문학의 본질, 그 순수한 아름다움을 가장 온전히 담아낸 시집. 시가 늘 그렇듯 처음에는 난해하고 다가가기 어려운 순간이 있을지도 모른다. 하지만 잠시 멈추어 한 글자씩 천천히 되새기고 그 의미를 음미해보라. 어느 순간 그 한 줄 속에 농축돼 있던 우주의 이야기가 폭발하며 당신은 말로 설명할 수 없는 깊은 감동을 마주하게 될 것이다. 그것이 바로 나와 같은 과학자들이 단 몇 줄의 수식을 칠판에 써놓고 하루 종일 그것만 바라보며 행복해하고, 때로는 그 앞에서 눈물까지 흘리는 이유다. 이 책은 과학을 사랑하는 당신이 진정 '과학자의 마음'으로 우주를 바라보고 받아들이는 놀라운 경험을 선사해줄 것이다.

이 책을 읽기 전에

여러분은 수식이라고 하면 어떤 생각이 드나요?

지겨운 수학 시험 문제나 알쏭달쏭한 외계어의 나열 같은 암울한 생각만 떠오른다면 이 책은 여러분에게 한 줄기 빛을 비춰줄 것입니다.

이 책에서 소개하는 24개의 중요한 물리학, 수학 수식들은 우리 눈에 보이는 우주 공간에서부터 보이지 않는 미세한 원자에 이르기까지 우리를 둘러싼 모든 세계를 다루고 있습니다.

수식은 왜 대단할까요?

그 이유는 심오한 자연계의 원리를 간단한 기호로 응축해놓았기 때문입니다. 당신 앞에 마주 앉은 누군가가 느닷없이 "우주가 어떻게 생겼는지 알고 있나요?"라고 묻는다 생각해보세요. 몇 시간은 걸릴 것 같은 이야기를 테이블 위 냅킨에 쓱쓱 수식 하나로 써서 보여준다면 어떤 기분이 들까요? 묘하게 압도되고 감동받을 것입니다.

이 책을 읽기 전에

세상에는 수많은 수식들이 있지만, 그중에서도 삼라만상의 이치를 한 줄로 설명하는 위대한 수식들이 있습니다. 이 책의 1부에 나오는 아인슈타인 방정식이 대표적인 예입니다. 아인슈타인 방정식은 우주를 지배하는 수식입니다. 단 한 줄의 문자열 안에 블랙홀과 중력파뿐 아니라 우주 전체가 들어 있습니다.

수식은 우리의 미래를 담고 있기도 합니다. 2부에 등장하는 드 브로이의 수식은 양자 컴퓨터와 양자 텔레포테이션을 가능하게 하는 수식입니다. 수식에는 흥미로운 이야기와 역사가 담겨 있습니다. 케임브리지의 천재들을 비롯하여 인류사에 위대한 성취를 남긴 과학자들의 인생이 담겨 있고, 인류의 중요한 역사적 변화점을 만들어낸 것이 바로 수식들입니다.

수식의 매력 중 하나는 그 속에 담긴 진실이 간혹 발견자의 예상을 뛰어넘는다는 것입니다. 본인이 만들었는데 스스로 모르는 진리가 나중에 발견되는 것이죠. 예를 들면 아인슈타인 방정식(Einstein equations)에는 당시 정체불명의 우주 상수라는 항이 있었는데요. 오늘날에야 이 우주 상수가 우주 에너지 밀도의 약 4분의 3을 차지하는 암흑 에너지(dark energy)라는 사실이 밝혀졌습니다.

이 책에서 보여주는 24개의 수식은 현대 수학과 물리학의 핵심을 이루고 있습니다. 이 24개 수식을 네 가지로 묶었습니다. 1부에서는 광활한 우주에 관한 수식을, 2부에서는 원자처럼 미세한 세계를 지배하는 수식을 소개합니다. 3부는 자연의 제왕인 빛의 세계와 관련된 수식들입니다. 마지막 4부에서는 물리학이 아닌 수학 분야의 수식 네 가지를 더했습니다.

사실 보통 사람들이 수식을 읽기란 쉽지 않습니다. 수식 자체보다는 하나의 수식이 탄생하는 과정에 담긴 수많은 연구자들의 인간미 넘치는 흥미로운 이야기와, 그들이 발견해낸 과학적 원리를 이해하기만 해도 좋습니다. 우리가 세상을 바라보는 관점을 완전히 바꾼 수식의 탄생사를 아는 것만으로도 우리를 흥분시킵니다.

우리에게 친숙한 GPS(Global Positioning System, 위성항법장치)나 스마트폰에서 수식이 어떤 역할을 하는지 알게 되면 전보다 수식에 대한 두려움이 줄어들지 모릅니다. 사실 일상에서 어떻게 쓰이냐보다 우리 주변에서 시작해 우주로 뻗어나가는 장대한 세계관을 가진 수식을 접하는 것만으로도 좋을 것입니다.

누군가는 이 책이 수식의 진정한 의미를 전달하지 못하고 겉핥기일 뿐이라고 투덜댈지 모릅니다. 맞습니다. 각 수식을 제대로 이해하려면 하나의 수식당 적어도 책 한 권의 분량이 필요합니다. 그러나 더 많은 사람들이 더 많은 수식의 세계를 접하게 하는 것이 중요하다 생각했습니다. 알면 사랑하게 되고, 더 깊이 들어가는 것은 각자의 운명이니까요.

이 책을 시작하기에 앞서 수식에 대한 몇 가지 기본적인 내용을 설명하고자 합니다. 다음의 네 가지 사실을 알고 있으면 이해하기 다소 편할 것입니다.

1. 수식은 왼쪽의 좌변과 오른쪽의 우변을 등호로 연결해 균형을 표현한다.
대부분의 수식에 등호(=)가 등장합니다. 물론 등호를 생략한 수식도 있습니다. 어쨌든 등호가 등장하는 대부분의 수식은 '좌변과 우변이 균형을 이룬다'는 의미를 나타냅니다.

2. 수식은 대부분 시간적 변화를 기술한다.
모든 수식이 그렇지는 않지만 대부분의 수식은 변화의 양을 말하고 있습니다. 특히 시간에 따른 변화를 설명하는 경우가 많습니다. 이를 미분이라는 수학 언어로 잘 표현할 수 있습니다.

3. 공통으로 등장하는 문자와 기호가 있다.
수식은 문자, 기호, 숫자로 이루어져 있습니다. 공통으로 등장하는 문자와 기호의 의미를 이해하고 있으면 좋습니다. t는 보통 시간(time)을 의미합니다. 이 t의 의미도 물리학의 영역과 수학의 영역에 따라 달라집니다. 이 책에서는 가능한 한 같은 의미를 갖는 기호로 통일하여 표기했습니다. 소문자와 대문자는 서로 다른 의미를 지닙니다. 예를 들면 T는 온도(Temperature)를 나타낼 때가 많습니다. 또 자주 쓰이는 문자로 v(속도), a(가속도)가 있습니다. 이 외에 자주 등장할 '중력 상수 혹은 만유인력 상수'를 나타내는 G, 플랑크 상수를 나타내는 h, 광속도를 나타내는 c까지 기억해두면 좋겠습니다.

4. 수식 이름이 같아도 여러 형태와 버전이 있다.

수식에서 좌변과 우변의 내용이 등호를 넘어 이동할 수도 있습니다. 알고 있듯이 넘어갈 때에는 플러스를 마이너스로 바꾸기만 하면 됩니다. 또 어떤 수식은 같은 내용을 담고 있으나 크게 차이가 나지 않는 부분을 무시하거나 변형하기도 합니다. 이를 '근사(近似)'한다고 합니다. 이러한 이동이나 근사에 의해 같은 이름의 수식이어도 다른 형태로 표현되는 경우가 있습니다. 연구자에 따라 다른 버전을 쓰기도 합니다.

끝으로 하나의 수식이 모든 것을 설명하지 않는다는 사실을 이해할 필요가 있습니다. 하나의 수식이 담고 있는 이론은 각기 지배하는 영토가 따로 있습니다. 각각의 영역에서는 맞지만 다른 영역에서는 적용되지 않기도 하지요. 그러면서도 어딘가에서 일치하기도 합니다.

즉, 자연 현상을 기술하는 수식은 하나의 퍼즐입니다. 우리가 사는 지구와 우주를 구성하는 여러 퍼즐들이 모여 있는 것이지요. 이런 점들을 이해한 다음 이제 수식의 세계로 들어가봅시다.

차례

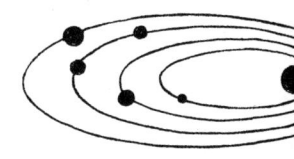

한국 독자들을 위한 저자 특별 인터뷰 5
수식은 특별한 세계를 여는 일

감수자의 말 _지웅배(우주먼지) 11

이 책을 읽기 전에 16

① 우주의 수식

우주 전체를 지배한다 : 아인슈타인 방정식 29
우주라는 무대를 설정하는 수식 | 아인슈타인 방정식은 어떻게 풀까 |
수학을 통해 완성된 물리학 이론

팽창 우주와 암흑 물질의 세계 : 프리드만 방정식 43
허블 상수를 아십니까 | 프리드만 방정식이 말하는 우주의 세 가지 모양 |
팽창 우주를 나타내는 또 다른 방정식 : 라이초두리 방정식

블랙홀을 예언하다 : 슈바르츠실트의 해 59

피타고라스 정리와 블랙홀의 정리가 같다? | 블랙홀 주변에서는 시간이 느려진다 | 군 복무 중에도 수식을 잊지 않았던 남자

빅뱅 그 이전에 대한 예언 : 중력파의 파동 방정식 69

우주의 저편에서도 느낄 수 있는 파동, 중력파 | 발견되는 데 백 년이나 걸린 이유는

방정식계의 고전 : 뉴턴 운동 방정식 79

'힘'이라는 개념을 결정하다 | 케임브리지대학교와 뉴턴

미래의 행성 이주에 쓰일 수식 : 푸아송 방정식 87

우주선이 탈출하는 데 필요한 속도를 구하다 | 티끌 모아 태산을 이루는 만유인력

당신도 나도 서로 끌리고 있다 : 만유인력 법칙 95

사과도 달도 떨어지고 있다 | 마녀사냥과 맞서 싸운 케플러의 법칙

인터스텔라를 만들어낸 수식 : 측지선 방정식 105

상상이 아니라 실제로 계산된 영화 장면 | 블랙홀은 왜 밝은 고리처럼 보이는가

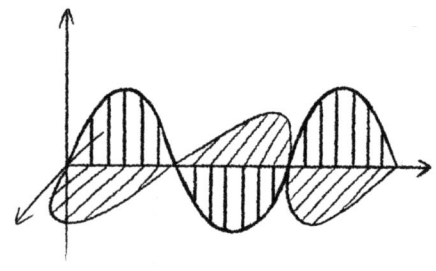

② 소립자의 수식

마이크로 세계의 집합체 : 표준 모형 수식　113
우주와 함께 태어난 소립자 | 양자론의 기본, 플랑크 상수

두 장소에 동시에 존재할 수 있다 : 불확정성의 원리　121
양자론의 기묘함을 설명하다

모든 물질은 입자이자 파동이다 : 드 브로이 방정식　129
역발상이 발견해낸 새로운 세상 | 간단하지만 대범한 매력

고양이처럼 매력적인 수식 : 슈뢰딩거 방정식　137
다양한 재능을 가진 과학자 | 모든 것은 확률적으로 결정될 뿐이다 |
양자역학을 몰라도 배워야 하는 방정식

반도체를 만들어낸 : 디랙 방정식　145
보물 같은 방정식 | 피겨 스케이팅 선수처럼 운동하는 소립자 |
모양새에 집착했던 과학자

한 번 더 : 표준 모형 수식　155
'우리가 존재함'을 뒷받침한다

인류가 향해야 할 극한의 세계 : 플랑크 길이　161
우주의 시작을 재는, 세상에서 가장 작은 단위 | 수식을 써 붙이고
계속 바라보았던 연구자

③ 빛의 수식

원자폭탄의 힘을 만들어내다 : 상대론적 에너지의 식   169
아주 작은 질량이 품고 있는 폭발적 에너지 |
물리학계가 길이 기리는 '기적의 해'

만든 사람과 증명한 사람이 다르다 : 로런츠 변환식   175
놀러 오세요, 광속의 세계로 | 아인슈타인 이전에
'시간과 공간'의 뒤섞임을 발견하다

테넷의 세계로 초대합니다 : 민코프스키의 시공 세계   185
'시공'의 개념을 처음 만들다 | 세계선들로 이루어진 상대성 이론의 세계

전기는 사실 빛이다 : 로런츠 힘의 공식   195
정전기부터 조명까지, 우리의 일상을 지배한다 | 플레밍의
왼손 법칙을 기억하자

전자기의 세계를 평정하다 : 맥스웰 방정식   203
천하를 단 4개의 식으로 통일하다 | 배후 조종자는 '빛'입니다

소수의 신비로움 : 미세 구조 상수의 공식   217
소수 137이 불러낸 신비주의 | 모두를 매료시킨 아름다운 상수

④ 현대 물리학과 수학의 4대 법칙

시간은 되돌릴 수 있는가 : 엔트로피 증가 법칙   227

모든 세계는 계속 균등해진다 | 시간을 되돌릴 수 없다는 것을
유일하게 증명하다 | 열역학의 릴레이 주자들

**데이터 분석의 왕, 편차치부터 주가 예상까지   237
: 가우스 분포 공식**

수학의 신이 인간 세계에 떨어졌다 | 데이터 해석의 기본이 되다

박사가 사랑한 수식 : 오일러의 등식   245

자연계에서 가장 아름다운 수식

계속 더해도 마이너스가 된다 : 무한급수 공식   253

무한은 결국 마이너스로 나아간다 | 라마누잔,
신께 드리는 기도로 수학을

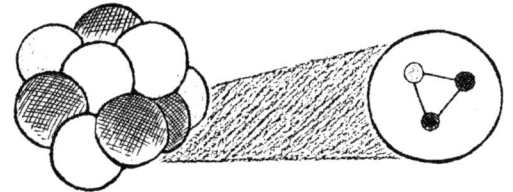

$$G_{\mu\nu} = \frac{8}{}$$

1

우주의 수식

$$\frac{\pi G}{c^4} T_{\mu\nu}$$

"신이 대충 닫은 문틈으로 우주를 보는 게 수학이다."
— 알베르트 아인슈타인

№ 1

우주 전체를 지배한다
아인슈타인 방정식

　　　　　신이 우주를 창조하고 지배한다면 수식은 세상 만물을 가장 정확하게 기술할 수 있는, 그야말로 '신의 언어'라고 할 법합니다. 하지만 인류의 지성이 아무리 뛰어나다 해도 그 수식들을 단 하나로 완전하게 나타낼 수는 없을 것입니다.

　이 책에 등장하는 각각의 수식에는 다양한 현상을 설명하는 커다란 힘이 있지만, 하나의 수식은 어디까지나 자연 현상의 일부만 표현할 뿐입니다. 수식이란 자연 현상을 완벽히 기술한 것이 아니라 일부분을 '간단하게 표현한' 것에 불과합니다. 그렇다 해도 우주 전체를 다루는 거대한 이론을 압축하는 놀라운 힘을 발휘하기도 합니다.

　우주를 설명하는 이론의 기본은 아이작 뉴턴(Isaac Newton)과 알베르트 아인슈타인의 중력 이론입니다. 힘을 가진 개체는 서로 영향을 주면서 운동하게 되는데, 이러한 물체의 운동을 다루는 것을 '역학(力學) 이론'이라 합니다. 중력은 역학 이론에 속하죠. 뉴턴과 아인슈타인의 중력 이론은 둘 다 우주를 설명합니다. 보통 지구상의 역학을 뉴턴 역학이 담당한다면, 밀도가 높거나 중력이 강한 천체 혹은 은하 정도의 규모를 뛰어넘는 우주 전체는 아인슈타인 역학이 다룹니다. 두 이론은 각각 다른 영역을 담당하며, 동시에 어딘가에서는 일치하기도 합니다.

이 중에서 먼저 우주를 지배하는 방정식으로 가장 유명한 아인슈타인 방정식을 소개합니다. 다른 이름으로 '일반상대성 이론'이라 불리며 아인슈타인 중력 이론의 근간을 이루는 수식입니다.

$$\underbrace{G\mu\nu}_{\text{우주의 구조}} = \frac{8\pi G}{c^4} \underbrace{T\mu\nu}_{\text{우주에 존재하는 물질 에너지}}$$

아인슈타인 방정식

여기서 μ는 뮤라고 읽고, ν는 뉴라고 읽습니다. 두 문자 모두 그리스어입니다.

천재 과학자라고 하면 누구나 가장 먼저 떠올리는 이름이 아인슈타인 아닐까요? 그의 대표작이라고도 할 수 있는 수식이 바로 이것입니다. 아인슈타인의 이름이 수식의 고유명사가 된 경우가 몇 가지 있는데, 질량과 에너지의 관계를 나타내는 $E=mc^2$이라는 수식의 이름이 바로 '아인슈타인의 등가 방정식'입니다. 이 외에도 물질 내부의 전하를 가진 입자가 전기장에 의해 힘을 받을 때의 입자 이동의 평균 속도와 전기장의 세기를 나타내는 '아인슈타인의 관계식'이 있습니다. 아인슈타인의 이름은 주기율표에서 원자번호 99번인 원소 기호 아인슈타이늄(Es)에도 붙어 있습니다. 그런데 신기하게도 물리학에서 값이 변하지 않는 물리량을 말하는 '물리 상수' 중에는 아인슈타인의 이름이 붙은 게 없습니다.

우주라는 무대를 설정하는 수식

이제 이 수식을 이해해봅시다. 일단 우변을 봅시다. 좌변의 $G_{\mu\nu}$(G뮤뉴)는 '우주의 구조'를 말합니다. 이 우주의 구조는 우변의 $T_{\mu\nu}$(T뮤뉴), '우주에 존재하는 물질 에너지'의 양과 같다는 것이 아인슈타인 방정식입니다. 여기서 G는 물리 상수(만유인력 상수)이고 c는 광속도입니다.

[만유인력을 최근 '보편 중력'이라고 하기도 합니다. 뉴턴이 원래 사용했던 표현도 'universal gravity'입니다. 만유인력이라는 표현이 오래되긴 했지만, 실제 뉴턴의 의도와 달리 오해를 일으키는 측면이 있습니다. — 감수자 해설]

드넓은 우주에는 행성, 블랙홀 등 다양한 장소와 상태가 존재합니다. 이런 다양한 장소와 상태는 비어 있는 것이 아니라 물질로 차 있습니다. 그리고 그 물질들의 질량과 에너지의 흐름에 따라 중력이 발생하고 이 중력은 우주라는 시공간을 휘게 만듭니다. 그 휘어지는 정도를 '곡률(curvature)'이라고 합니다.

아인슈타인 방정식은 바로 시공간의 곡률과 물질 분포의 관계를 설명합니다. 물질이 주변 공간에 만들어내는 중력장을 계산하는 방정식이죠. 이 방정식이 말하는 것은 물리 상수 G의 수치가 바뀌면 좌변과 우변이 새롭게 균형을 맞추어 다른 우주가 실현된다는 점입니다. 좌변에는 시공간에 대한 정보가, 우변에는 물질 특성에 대한 정보가 담겨 있습니다. 시공간과 물질이 관계가 있음을 밝힌 것이지요.

때문에 아인슈타인 방정식의 가장 큰 특징은 '시공간'을 설정해야 한다는 것입니다. '일반상대성'이라는 말에서 알 수 있듯이 이 수식 자체는 시공간을 정하지 않으면 아무런 것도 논할 수 없는 일반론일 뿐입니다. 시공간은 '우주 전체'일 수도 있고 '블랙홀' 같은 하나의 천체일 수도 있는데 그것을 지정해야 합니다.

여기에서는 시공간이 우주 전체인 경우에 한해 이야기해 보겠습니다. 우주라는 시공간을 하나의 그릇이라 생각해봅시다. 이 그릇은 형태가 고정되어 있지 않고, 안에 존재하는 물질의 에너지에 의해 변화합니다. 단단한 머그컵이 안에 담긴 뜨거운 커피로 녹진녹진하게 변하는 모습을 떠올리면 이해가 잘될 것입니다.

아인슈타인은 우주의 진화를 연구하기 위해 우주 전체를 시공간으로 선택해 도전했습니다. 그리고 우주 내부에 물질이 있으면 그 물질의 영향으로 반드시 우주가 변한다는 사실을 깨달았습니다. 이때까지만 해도 빅뱅 이론과 같은 팽창 우주는 기상천외한 발상이었고 아인슈타인조차도 거기까지는 생각하지 못했습니다. 아인슈타인은 오히려 '우주는 정적인 상태'라고 굳게 믿었습니다. 우주가 수축도 팽창도 하지 않는 계속 같은 크기를 유지하는 상태라고 말입니다.

그러면 자체 중력으로 인해 수축해야 하는 우주가 정지 상태라는 것을 설명해야 하는데, 이를 위해 우주 상수를 도입합니다. 그러다 아인슈타인이 살아 있던 1929년 허블에 의해 팽창 우주의 증거가 발견되고, 아인슈타인은 우주 상수 도입을 인생 최대의 실수라고 한탄했죠.

우주는 정말이지 불가사의하고 재미있습니다. 최근의 관측 결과로 도리어 우주 상수가 존재한다는 것이 증명되었으니까요. 1997년 솔 펄머터(Saul Perlmutter), 브라이언 슈밋(Brian P. Schmidt),

애덤 리스(Adam Riess)는 초신성을 이용해 우주의 팽창 과정을 연구합니다. 이로 인해 우주의 팽창 속도가 점점 증가한다는 것을 발견합니다. 즉, 우주의 팽창 에너지를 가속시키는 우주 상수가 있다는 것이 증명된 셈이죠. 이 연구로 인해 세 사람은 2011년 노벨 물리학상을 받습니다. 1915년 아인슈타인 방정식이 발표된 후 백여 년이나 흐른 뒤 인류가 우주 상수의 존재에 다시 주목하게 되다니, 그는 꿈에도 생각 못 했겠지요. 개인적으로 언젠가 우주 상수가 확정되는 날이 오면 꼭 아인슈타인 상수로 이름이 붙길 바랍니다.

이 우주 상수 Λ(람다)를 더하면 아인슈타인 방정식의 다른 모양이 나옵니다.

$$G\mu\nu + \Lambda g\mu\nu = \frac{8\pi G}{c^4} T\mu\nu$$

우주 상수를 더한 아인슈타인 방정식

아인슈타인 방정식은 어떻게 풀까

아인슈타인의 방정식을 좀 더 자세히 들여다보겠습니다. 아인슈타인 방정식은 간단해 보이지만 각각의 항에는 매우 많은 정보가 숨어 있어 복잡합니다. 우선 $G_{\mu\nu}$에서 $\mu\nu$라고 표기되는 부분에는 시간 t와 공간을 나타내는 x, y, z라는 문자 중 하나가 들어갑니다. 시간과 3차원의 공간을 합쳐서 시공간(time and space)을 표현하는 것이죠. $G_{\mu\nu}$와 같은 형태를 '텐서(tensor)'라고 합니다. 아인슈타인 방정식의 텐서는 모두 16개의 성분으로 되어 있습니다.

[텐서라는 말이 낯설 텐데요. 물리 현상은 입체적인 공간에서 벌어집니다. 때문에 크기만 중요한 게 아니라 방향도 중요합니다. 수학에서 크기만으로 표현되는 것을 '스칼라'라고 하고, 방향까지 포함된 것을 '벡터'라고 합니다. 벡터는 보통 좌표계에서 표현됩니다. 평면 위에서는 x축과 y축, 두 가지 축만으로 벡터의 방향을 표현할 수 있습니다. 3차원 공간에서는 x, y, z 총 세 가지 축을 모두 활용해야 정확한 입체적인 방향을 나타낼 수 있습니다.

문제는 이 좌표계가 고정되어 있지 않다는 것입니다. 아인슈타인은 관측자가 거의 빛의 속도에 가깝게 움직일 때 우주가 어떻게 보이게 될지를 고민했습니다.

이를 위해서는 고정된 좌표계만이 아니라 움직이는 좌표계에서까지 동일한 물리 현상이 어떻게 표현될지를 이해해야 합니다. 그러려면 좌표계에 상관없이 모든 벡터를 동일하게 표현할 수 있는 새로운 수학적 도구가 필요한데, 이것을 텐서라고 합니다. 텐서는 서로 다른 좌표계를 넘나들 수 있도록 해주는 좌표계 간의 번역기와 같다고 할 수 있습니다. 아인슈타인 방정식에 등장하는 G와 T가 텐서입니다.

이 방정식에서 G와 T의 오른쪽 아래에 작게 붙어 있는 뮤와 뉴는 각각 총 네 가지의 값을 갖습니다. 하나는 시간 축이고 그리고 나머지 셋은 x, y, z 축에 대한 공간 축입니다. 뮤와 뉴가 서로 어떻게 짝을 이루는지에 따라서 4 곱하기 4, 16가지의 성분을 가질 수 있게 됩니다. — 감수자 해설]

이런 성분들을 다 끄집어내면 아인슈타인 방정식은 겉모습과는 반대로 여러 개의 방정식이 얽히고설킨 복잡한 형태가 됩니다. 그래서 세상에서 가장 풀기 어려운 방정식으로도 유명한 것이죠. '수식을 푼다'라는 것은 이 수식을 '만족시키는 해답=해'를 구한다는 뜻입니다.

오늘날 아인슈타인 방정식의 해를 구할 때는 대부분 컴퓨터를 이용해 수치를 계산합니다. 정작 아인슈타인의 시대에는 컴퓨터가 없고 종이에 손으로 푸는 필산이 주된 방법이었습니다. 그래서 아인슈타인 방정식의 해는 슈바르츠실트의 해 등 극히 제한적인 것뿐이었습니다. 그 정도로 풀기 어렵고 난해했다는 것을 의미합니다.

이제 이해가 되겠지만 앞에서 말했듯이 아인슈타인 방정식은 중력을 다루는 역학 이론입니다. 물질이 만들어내는 중력이 시간과 공간을 어떻게 변형시키는지, 중력장을 구하는 수식입니다. 여기에서 역학과 관련된 방정식의 두 가지 종류를 이해해봅시다. 역학 방정식은 장 방정식과 운동 방정식이라는 두 종류가 있습니다. 쉽게 연극 무대를 상상해볼까요. 무대 장치가 변하는 것은 장 방정식입니다. 무대 위에서 어떤 움직임이 일어나는 변화는 운동 방정식입니다.

무대 장치(무대가 변한다)
= **장 방정식**

무대 위(무대 위에서의 운동)
= **운동 방정식**

중력에 의한 물체의 운동은 쉽게 상상할 수 있습니다. 이 경우는 운동 방정식으로 설명이 됩니다. 그러나 중력 자체가 어떻게 생겨났는지 알 수 없죠. 중력의 생김을 나타내는 것을 장 방정식이라고 합니다. 아인슈타인 방정식은 중력의 장 방정식 같은 것입니다. 뒤에 나올 맥스웰 방정식, 푸아송 방정식이 바로 장 방정식입니다. 양자역학은 이 두 가지가 합쳐지는 이론이겠지요.

아인슈타인의 방정식, 즉 일반상대성 이론은 넓은 의미에서 모든 중력 현상을 기술합니다. 우리가 지구에 서 있거나 달이 지구 주위를 공전하는 일 등 다양한 현상을 모두 이 중력으로 설명할 수 있습니다. 은하가 어떻게 생겼는지 혹은 우주는 어떻게 팽창했는지 등 우주의 진화에 대해 알고자 할 때도 아인슈타인 방정식은 필수입니다. 이 방정식에서 시공간을 우주 전체가 아닌 블랙홀로 설정하면 중력이 매우 강한 천체의 정보를 밝힐 수 있습니다.

그러면 우리의 일상에서 아인슈타인 방정식은 어떤 쓸모가 있을까요. 사실 답할 내용이 별로 없습니다. 하지만 미래에 우주 연구가 더 활발해지고 넓어지면 아인슈타인 방정식을 사용하는 이들이 더 많아질지 모릅니다.

그래도 쉽게 이해할 사례를 하나 찾으라면 스마트폰에도 실리는 GPS 기능이 대표적입니다. GPS는 지구를 도는 위성에서 빛의 신호를 보내 위치를 알아내는 기술입니다. 중력에 의해 시공간이 달라진다는 것을 이미 알고 있는 우리로서는 위성이 보내는 빛의 신호를 그대로 받으면 안 된다는 것을 짐작할 수 있습니다. 아인슈타인 방정식이 없었다면 빛 신호가 보내는 위치의 오차는 자동차 내비게이션의 경우 약 11km나 됩니다. 중력에 의해 빛의 도착 시각이 변하니 이를 정확히 보정하지 않으면 쓸모가 없겠지요. 우리가 보는 내비게이션과 스마트폰의 지도는 모두 아인슈타인 방정식을 통해 보정된 값입니다. 낯선 여행지에서 헤매지 않고 목적지에 도착할 수 있는 것은 아인슈타인 덕분이네요.

수학을 통해 완성된 물리학 이론

천재 과학자라는 이미지 덕에 아인슈타인이 혼자 고독하게 연구해 상대성 이론을 완성했다고 생각하기 쉽습니다. 하지만 그의 성공 뒤에는 딱 좋은 타이밍에 나타나 도와준 여러 수학자들이 있었죠. 일반상대성 이론은 뒤에서 소개할 특수상대성 이론을 발표한 1905년부터 대략 10년의 세월에 걸쳐 완성한 위대한 업적입니다.

휘어진 시공간의 중력을 구상하던 아인슈타인은 '등가 원리(principle of equivalence)'라는 아이디어를 출발점으로 삼습니다. 아인슈타인 인생 최고의 아이디어죠. 등가 원리는 가속 운동에 의해 받는 힘과 중력에 의한 효과가 같다는 것입니다.

등가 원리는 낙하 운동을 하면 무중력 상태가 되어 겉보기에 중력이 사라져버리는 현상으로 설명할 수 있습니다. 즉, 어떤 경우에는 중력이 사라져 외관상 평탄한 시공간과 같아진다는 사실을 발견한 것입니다.

[이 평탄한 시공간이란 말 그대로 곡률이 없는 가장 이상적인 공간을 말합니다. 보통 특수상대성 이론에서 다루는 무대가 평탄한 시공간입니다. 수학적으로 이러한 무대를 '민코프스키 공간'이라고도 부릅니다. 이 가상의 이상적 무대가 평탄할 수 있는 이유는 중력이 존재하지 않는 세계이기 때문입니다. 이 가상의 시공간에는 그 어떤 곡률도, 왜곡도 없습니다. 모든 물체는 등속으로 움직이거나 정지하고 있으며, 좌표계가 바뀌어도 물리 법칙은 모두 동일하게 작동합니다.

하지만 실제 우주는 이렇지 않습니다. 많은 물체가 존재하며 그 주변의 시공간을 왜곡합니다. 특수가 아닌 일반상대성 이론은 바로 이 가장 일반적인 세계, 곳곳이 움푹 파이고 왜곡된 시공간을 무대로 펼쳐집니다.

아인슈타인의 등가 원리의 핵심은 중력과 관성력을 본질적으로 구분할 수 없다는 것입니다. 예를 들어 우주 공간에 둥둥 떠 있는 엘리베이터를 타고 있다고 생각해봅시다. 엘리베이터가 멈춰 있다면 그 안에서 우린 둥둥 떠다니면서 우주 공간에 있다는 사실을 알아챌 수 있습니다. 하지만 엘리베이터가 빠르게 위로 가속된다면 엘리베이터 바닥은 우리의 체중을 떠받들기 시작할 것이고, 우리는 마치 엘리베이터 바닥 쪽으로 체중이 쏠리는 듯한 착각을 하게 됩니다. 결국 우주 공간에서 위로 끌려가는 엘리베이터에 타고 있는지, 지구 위에 멈춰 있는 엘리베이터 안에 타고 있는지 구분할 수 없습니다. 이처럼 중력과 관성력은 차이가 없습니다.

만약 아주 국지적인 좁은 세계라면 중력이 작용하더라도 그 주변은 마치 곡률이 없는 평탄한 시공간인 것처럼 인식할 수 있습니다. 지구는 둥글지만 고작 몇 발자국 돌아다니는 것만으로는 지구가 평평한지 둥근지 알 수 없는 것과 마찬가지입니다. 따라서 일반상대성 이론은 국지적으로 봤을 때 특수상대성 이론이 적용되는 무대가 될 수 있습니다. - 감수자 해설]

바로 여기서 두 이론이 일치한다는 아이디어가 나옵니다. 아인슈타인의 아이디어를 구체적인 이론으로 설명하려면 복잡한 수학 이론이 필요했습니다. 이걸 어떻게 접근해야 할지 막막해할 때 마르셀 그로스만(Marcel Grossmann)이라는 수학자 친구가 '리만 기하학'을 알려주었습니다. 리만 기하학은 독일의 수학자 베른하르트 리만(Bernhard Riemann)이 정립한 것입니다. 리만의 이름을 딴 여러 개념 중 '리만 공간(Riemann space)'을 이해하면 좋을 것 같습니다. 이는 매 점의 작은 공간에서는 비슷하지만 전체를 놓고 보면 휘어져 있는 공간을 말합니다. 리만은 이 개념을 도입해서 리만 공간의 곡률을 정의하였고, 이를 리만 기하학이라 부릅니다. 기하학은 도형과 공간을 연구하는 학문으로 리만 기하학이야말로 아인슈타인이 다루고 싶었던 휘어진 시공간을 수학적으로 설명하는 방법이었습니다. 리만은 리만 기하학뿐만 아니라 현상금이 걸린 수학계 미해결 문제 중 하나인 리만 가설 등의 업적을 세상에 남겼습니다.

때문에 일반상대성 이론의 공을 리만에게도 돌리지 않을 수 없습니다. 하지만 정말 새롭고 난해한 수학을 자신의 이론에 적용한 아인슈타인의 유연성이야말로 가장 핵심이었을 것입니다. 리만 기하학을 알려준 그로스만조차 "그 수학은 물리학자가 건드릴 게 아니야"라고 난해함을 토로했다고 하니까요.

№ 2
팽창 우주와 암흑 물질의 세계
프리드만 방정식

우주는 빈 공간이 아니라 채워져 있습니다. 어떤 것들로 구성되어 있을까요. 크게 빛, 바리온(baryon), 암흑 물질(dark matter), 암흑 에너지라는 네 영역으로 나눌 수 있습니다.

먼저 바리온은 화학 시간에 배운 주기율표에 나오는 물질이라 생각하면 됩니다. 인간의 신체, 책상, 영수증과 같은 사물, 지구나 태양 같은 행성도 원소 상태로 분해하면 그 기본은 바리온으로 이루어져 있습니다. 그래서 바리온을 일반 물질이라고 말합니다. 이 바리온은 우주의 5퍼센트 정도를 차지한다고 추정됩니다. 바리온은 질량을 가진 암흑 물질과 함께 우주 내에서 중력장을 만들어냅니다. 바리온을 중입자라 하는데, 바리온이라는 이름은 무겁다는 뜻의 그리스어인 바리(bary)에서 유래합니다.

암흑 물질은 주기율표에 실리지 않은 미지의 입자로 이루어졌습니다. 암흑 물질의 정체는 아직 아무도 모릅니다. 전혀 관측되지 않는 미지의 물질이지만, 우주에서 차지하는 에너지의 양은 알려져 있습니다. 우주 전체에 암흑 물질이 26퍼센트 정도를 차지합니다. 바리온의 5배 이상이나 되는 거죠. 암흑 물질의 '암흑'은 '빛과 반응하지 않음'을 뜻합니다. 물론 다른 물질과도 반응하지 않습니다. 빛은 암흑 물질 주변의 중력에 의해 휘게 되는데, 이를 중력 렌즈 혹은 중력 렌즈 효과라 합니다. 휘어지는 빛을 관찰하는 방법으로 암흑 물질의 존재를 간접적으로 탐사합니다. 암흑 물질은 왜 존재할까요? 수많은 별이 모인 은하와 같은 구조를 만들기 위해 우주 초기 단계부터 암흑 물질이 필요했으리라고 여겨집니다.

마지막으로 암흑 에너지를 살펴봅시다. 여기에서의 '암흑'은 대부분의 과학자가 손도 못 대고 있는 정체불명의 에너지라는 의미의 암흑입니다. 암흑 에너지는 우주 상수와 관련이 깊습니다. 우리는 아인슈타인 방정식을 이야기하면서 우주의 팽창 속도가 '가속'하고 있고, 이를 설명하기 위해 우주 상수가 존재한다는 것을 알았습니다. 즉, 우주의 팽창을 가속시키는 어떤 '물질'이 있다고 가정할 수 있습니다. 그래서 현재까지 많은 우주론 연구자들이 암흑 에너지를 우주 상수라고 추정합니다. 하지만 암흑 에너지가 진짜 우주 상수라 밝혀진다 해도 여전히 풀 수 없는 미스터리가 산처럼 쌓여 있습니다. 우주가 계속 팽창하면 일반 물질 바리온과 암흑 물질의 밀도는 점점 희박해질 것입니다. 반대로 암흑 에너지의 중요도는 더 커지겠지요. 여기에서 프리드만 방정식이 등장합니다.

허블 상수를 아십니까

프리드만 방정식은 우주가 어떻게 팽창 혹은 수축하는지를 설명하는 우주의 운동 방정식이며, 우주 상수가 존재함을 나타내주는 방정식입니다. 다음과 같이 씁니다.

$$H^2 = \frac{8\pi G}{3}\rho - \frac{Kc^2}{a^2} + \frac{\Lambda c^2}{3}$$

허블 상수 / 우주의 모양 / 우주 상수

프리드만 방정식

여기서 몇 가지 문자를 읽어보고 의미를 이해해 봅시다. Λ는 우주 상수를 나타내는 데 그리스 문자로 '람다'라고 읽습니다. H는 허블 상수를, K는 우주의 모양을 뜻합니다.

앞에서 아인슈타인 방정식에서 시공간을 설정해야 한다는 이야기를 했습니다. 시공간을 '우주 전체'로 설정한 것이 프리드만 방정식입니다. 프리드만은 구소련의 우주 물리학자 알렉산드르 프리드만(Alexander Friedmann)을 말합니다.

앞에서 우주를 머그컵에 비유하면서 우주라는 구조는 머그컵 안에 담긴 내부의 물질에 따라 달라진다고 했는데, 우주의 구조가 달라진다는 것은 우주가 운동한다는 것입니다. 프리드만 방정식은 '우주의 운동 = 내부의 물질 에너지'를 나타내는 방정식입니다.

이 방정식에서 핵심이 바로 허블 상수입니다. 허블 상수 혹은 허블 파라미터(Hubble parameter)라 불리는 'H는 허블-르메르트 법칙'에서 나온 것입니다. 미국 천문학자인 에드윈 허블(Edwin Hubble)은 세계 천문 연구의 중요 기지인 윌슨 산 천문대에서 우주를 관측했습니다. 그리고 우주가 팽창하고 있다는 것을 발표한 사람입니다. 허블이 논문을 발표하기 2년 전 벨기에의 천문학자인 조르주 르메트르(Georges Lemaître)도 허블과 같은 내용을 발표했습니다. 허블은 수많은 은하들이 물러나는 것을 관측했는데, 허블 상수는 외부 은하의 후퇴 속도와 거리 사이의 관계를 나타내는 비례 상수입니다. 그러면 허블 상수는 어떻게 정의될까요? 우주의 크기를 a라고 하면(뉴턴 운동 방정식에 나오는 가속도 a와 중복되지만 여기서는 다른 것입니다) 허블 상수는 다음과 같습니다.

$$H = \frac{da}{dt} \Big/ a$$

허블 상수

$\frac{da}{dt}$ 부분이 보이나요? 드디어 미분이 나왔습니다. 미분이 뭘까요? 여기서는 시간의 미분에 대해 간단히 설명하겠습니다. 일상에서 자주 보는 속도를 나타내는 km/시, m/초라는 표기를 알 겁니다. 이는 해당 시간에 대한 평균 빠르기를 나타냅니다. 예를 들면 1초에 10m 이동한다고 가정해봅시다. 처음 0.5초 동안 7m를 가고, 후반 0.5초 동안 3m를 움직였다고 해도 평균 속도는 10m/초입니다. 그에 반해 미분에서는 시시각각 변하는 '그 순간의 빠르기'를 나타냅니다. 미분은 d라고 쓰이기도 하고 ∂(라운드)로 쓰이기도 하는데요. d는 미분을 의미하는 영어단어 'differential'의 머리글자를 의미합니다. 시간 미분이 아니라 공간 성분으로 미분하는 것도 있습니다. 공간 미분은 곡선의 기울

기에 해당하는데요. 커브 길을 달리며 시시각각 변하는 차의 방향을 떠올리면 이해가 될 겁니다.

시간 미분에서 어느 a의 시간 변화는 $\frac{da}{dt}$ 혹은 $\frac{\partial a}{\partial t}$라고 씁니다. 이 식은 '$a$를 시간 t로 미분한다'라는 뜻입니다. 시간 미분은 속도에 해당합니다. 그러니 H는 '우주의 팽창 속도'를 의미합니다.

프리드만 방정식이 말하는 우주의 세 가지 모양

여기까지 이해하고 프리드만 방정식을 다시 봅시다.

$$H^2 = \frac{8\pi G}{3}\rho - \frac{Kc^2}{a^2} + \frac{\Lambda c^2}{3}$$

여기서 ρ(로)는 물질의 에너지 밀도를 말합니다. 이 수식은 '우주의 팽창 속도(H)는 우주에 있는 물질의 에너지 밀도(ρ)와 우주의 모양(K), 우주 상수(Λ)에 의해 정해진다'는 사실을 말해 줍니다.

이제 프리드만 방정식의 K의 의미를 들여다봅시다. K는 우주의 모양을 의미하는데, 우주의 모양은 모두 세 가지로 나타냅니다. $K=0$이면 평탄형, $K=1$은 구형, $K=-1$이면 말 안장형입니다.

우주의 모양

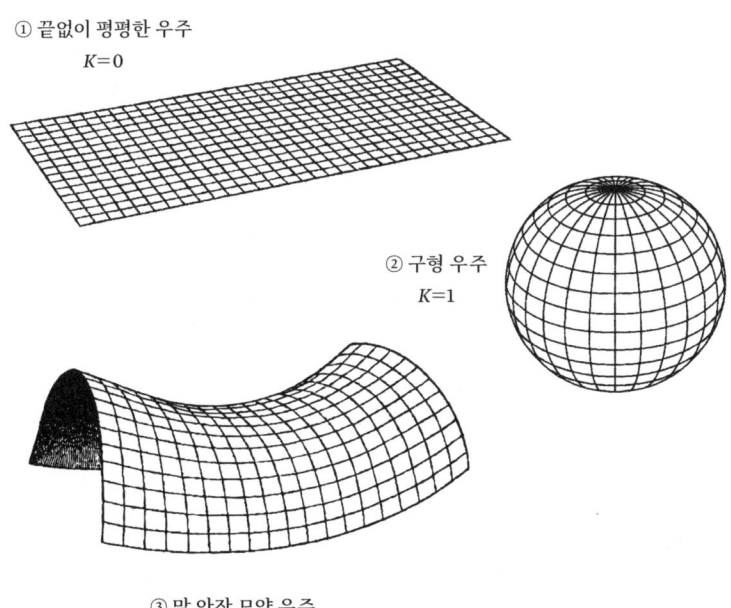

① 끝없이 평평한 우주
　　$K=0$

② 구형 우주
　　$K=1$

③ 말 안장 모양 우주
　　$K=-1$

일단 이런 의문이 들 수 있습니다. 보는 위치에 따라서 모양이 달라질 수 있는 게 아닌가? 하지만 우주는 너무나 광대하기에 어느 장소, 어느 방향에서 보아도 달라지거나 특별하지 않고 같다고 봅니다. 천문학자인 윌리엄 킬(William Keel)은 "충분히 큰 규모로 보면 우주의 속성은 모든 관찰자에게 동일하다"라고 말했습니다. 또한 지구에서 우리가 우주를 관찰할 때 우주의 방향을 구별할 수 없습니다. 이렇게 어디서 보아도 동등하다는 관점을 '우주가 등방(等方, isotropic)' 하다고 하여 '우주 등방성'이라고 합니다.

우리는 일반상대성 이론에서 질량과 에너지가 시공간의 곡률을 휘게 만든다는 것을 알았습니다. 이 곡률에 따라 우주의 구조가 결정됩니다. 곡률이 1이면 ①평평한 우주가 됩니다. 곡률이 1보다 큰 양(+)의 곡률이면 ②구형 우주가 됩니다. 곡률이 1보다 작은 음(-)이면 ③말 안장 모양의 우주가 됩니다.

여기서 다른 모양은 이해하기 쉬우나 ②구형 우주가 약간 어렵습니다. 흔히 우리가 떠올리는 동그란 구를 3차원이라 생각할 수 있습니다. 그러나 그런 구의 표면을 펼치면 2차원이 되지요. 이런 차원의 구는 물질로 차 있지 않습니다. 위상 수학의 개념을 안다면 무슨 뜻인지 금방 이해가 되실 겁니다. 어쨌든 우주 모형에서 말하는 구는 우리가 상상하기 어려운 4차원 공간에 있는 3차원 구라는 점을 유의하고 있으면 됩니다. 그러면 우리의 우주는 실제로 이 세 가지 중 어떤 모양일까요? 현재까지 관측한

프리드만 방정식

바에 의하면 평탄한 우주($K=0$)가 가장 많은 연구자들의 지지를 받고 있습니다. 즉, 우주 공간이 끝없이 퍼져 있다는 뜻이죠.

프리드만 방정식은 우주가 진화하고 있다는 것을 보여줍니다. 우주는 끝없이 팽창 혹은 수축합니다. 그래서 이 방정식은 '우주의 법칙' 그 자체라고 할 수 있습니다. 우주가 항상 정지해 있다고 믿었던 아인슈타인은 처음에 이 수식을 허황된 이론이라 생각했습니다.

그러다 일반상대성 이론을 발견하고 수년 후 에드윈 허블이 은하가 후퇴하는 속도를 관측하면서 '팽창하는 우주'야말로 진짜 우주의 모습이라는 사실이 알려졌습니다. 그 일로 아인슈타인은 너무나 큰 수치심을 느끼게 되었죠. 우리가 천재는 아니라도 아인슈타인이 느꼈을 수치심은 이해가 될 겁니다. 책상 위의 책을 다 던지고 싶었겠지요.

프리드만 방정식은 미분과 적분의 방정식입니다. 미적분을 능숙하게 할 수 있는 사람이라면 이 수식을 충분히 풀 수 있습니다. 그러면 놀랍게도 시간이 변화함에 따라 어떻게 우주가 팽창하는지 답을 구할 수 있지요.

이런 의문이 생길 수 있습니다. 우주가 팽창하는 건 알겠는데, 수축도 하나요? 프리드만 방정식은 우주가 수축할 가능성도 알려주는 방정식입니다. 조금 어려운 이야기지만 수식의 좌변이 H^2인 데에는 깊은 의미가 있다고 생각합니다. 만약 우주가 팽창한다면 H는 양의 수치, 수축한다면 음의 수치가 나옵니다.

그러나 수식의 H는 부호가 정해져 있지 않습니다. 제곱이므로 둘 다 포함하죠.

현재의 우주가 빅뱅이라는 대폭발로 생긴 불덩어리 우주에서 급격하게 팽창했다는 사실을 들어보았을 것입니다. 현실에 존재하는 우주가 모두 이 수식을 통해 허용된다고 한다면, 수축하는 우주도 존재할 수 있다는 이야기입니다. 진실은 아무도 모르지만 적어도 이 수식은 '우주가 팽창에서 시작할 수도, 수축에서 시작할 수도 있으므로 양쪽 다 가능성이 있다'고 말합니다. 우리가 아직 모르는 다른 우주가 있고 그 우주는 수축하는 우주일지도 모른다는 말이죠.

팽창 우주를 나타내는 또 다른 방정식 : 라이초두리 방정식

프리드만 방정식과 비슷하게 우주 팽창을 나타내는 수식으로 라이초두리 방정식이 있습니다. 아말 쿠마르 라이초두리(Amal Kumar Raychaudhuri)는 인도의 물리학자입니다. 그의 방정식은 다음과 같습니다.

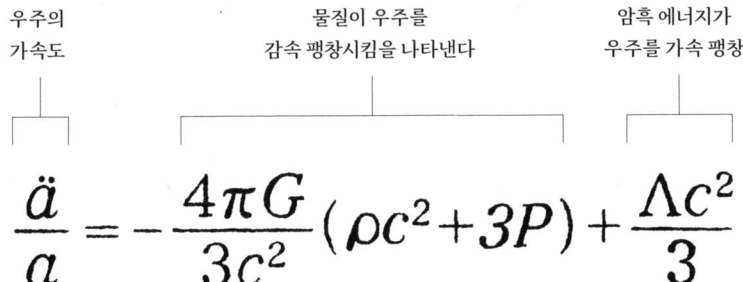

$$\frac{\ddot{a}}{a} = -\frac{4\pi G}{3c^2}(\rho c^2 + 3P) + \frac{\Lambda c^2}{3}$$

우주의 가속도 / 물질이 우주를 감속 팽창시킴을 나타낸다 / 암흑 에너지가 우주를 가속 팽창

라이초두리 방정식

두 방정식의 차이는 무엇일까요. 프리드만 방정식이 우주의 속도를 나타내는 데 비해 라이초두리 방정식은 가속도를 나타냅니다. 더 자세히 살펴보면 라이초두리 방정식은 물질이 우주를 '감속' 팽창시키고, 암흑 에너지가 우주를 '가속' 팽창시킨다는 것을 나타내는 이론입니다.

이 방정식에서 새롭게 P가 등장하는데요. P는 물질의 압력을 뜻합니다. ρ(로)가 물질의 에너지 밀도라 했는데, 이것이 물질의 압력 P와 어떤 관계인지에 따라 물질은 네가지 상태가 됩니다. 우리는 그 네 가지 상태를 이미 다 알고 있습니다. 고체, 액체, 기체 그리고 기체가 이온으로 분리된 상태인 플라스마(plasma)입니다.

예를 들면 보통 물질인 바리온은 $P=0$인 데 비해 빛은 $P=\frac{1}{3}\rho c^2$인데요. 우주에서 바리온은 바깥에 압력을 거의 미치지 않는데 빛은 바깥에 압력을 가합니다. 흔히 물질이 빛보다 단단하다고 생각하기 쉽지만 그렇지 않습니다. 빛은 세상에서 가장 빠른 속도로 항상 밖으로 퍼지려는 성질이 있어 밖으로 압력을 가한다고 이해하면 좋을 것 같습니다.

좌변에 나오는 점 2개가 낯선 분들이 있을 겁니다. 이 점 2개는 이계 미분을 의미합니다. 이계 미분은 미분을 두 번 한다는 뜻입니다. 그래서 프리드만 방정식과 달리 '우주의 가속도'를 나타낼 수 있습니다. 빅뱅 우주는 팽창하는데 팽창 속도는 시간에 따라 서서히 느려집니다. 처음에는 급격하게 팽창했지만 시간이 흐르며 천천히 팽창해간다는 말이죠. 정체를 알 수 없는 암흑 물질도 똑같습니다.

이건 우변의 제1항이 반드시 음이 된다는 것만 봐도 알 수 있습니다. 가속도가 마이너스면 감속 팽창, 플러스면 가속 팽창이라 합니다. 즉, 우주에 있는 모든 물질은 우주를 감속 팽창시킵니다.

그러나 우변 제2항에 있는 우주 상수 Λ는 암흑 에너지를 나타내며, 수식에 아주 다른 영향을 끼칩니다. 우변 제2항이 플러스인 것처럼 항상 양인 우주 상수는 가속 팽창을 촉진합니다. 사실 현재 우주는 암흑 에너지가 모든 우주 에너지의 약 70퍼센트를 차지하는 가속 팽창 우주입니다. 우주는 빅뱅 이후 급격히 팽창했는데 잠시 팽창 속도가 줄었다가 약 50억 년 전부터 현재까지 가속 팽창을 유지하고 있습니다. 1998년에 우주의 가속 팽창을 관측한 연구자들이 2011년 노벨 물리학상을 수상하는 것도 앞에서 살펴봤습니다.

이 라이초두리 방정식이 알려주는 것은 보통은 줄어드는 팽창의 속도가 증가하고 있다는 것입니다. 지금부터 약 40억 년 전에 우주는 암흑 에너지가 지배하는 가속 팽창 시대에 들어섰다고 추측됩니다. 우주 팽창은 모두 세 가지 시대로 나눌 수 있습니다.

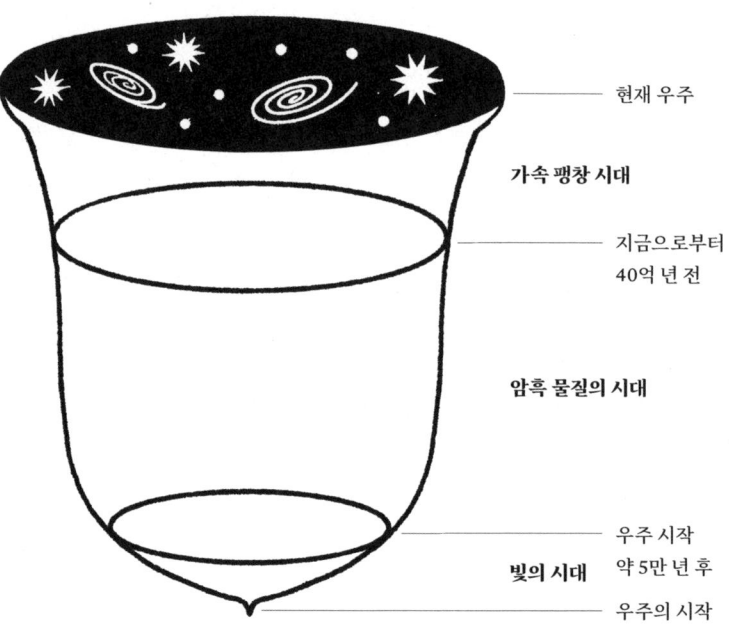

약 46억 년 전에 지구가 생긴 직후, 우주의 모양이 이상해지더니 온 세상이 암흑 세계로 변했습니다. 라이초두리 방정식은 이런 수상한 암흑 에너지의 성질을 분명히 말해줍니다.

라이초두리 방정식은 '현재의 가속 팽창 우주의 지배자는 우주 상수 Λ다!'라고 크게 외치는 수식입니다. 반면 프리드만 방정식은 순수하게 우주의 팽창을 말하는 식입니다.

일반상대성 이론이 발표되고 7년 후인 1922년 프리드만이 이 팽창 우주의 해를 발표했는데, 발표 후에 아인슈타인이 프리드만의 주장을 받아들이기 싫어했다고 이야기했습니다. 그 후 프리드만은 1924년 논문「음의 곡률을 가진 우주」로 세 가지 우주의 모양에 대해서도 통합하여 발표합니다. 우주가 계속 팽창하고 있으며 평평하다는 것을 제시한 것이지요.

당시에는 많은 사람들이 우주는 평평하지 않고 동그랗다고 믿었습니다. 그 이유는 지구도 구형이니까 우주 역시 그럴 거야라는 선입관 때문이라고 생각됩니다. 실제로 허블이 1929년에 은하를 관측해 팽창하는 우주를 명백하게 밝혔습니다. 그러나 이때 프리드만은 이 세상에 없었습니다. 1925년 37세라는 젊은 나이에 장티푸스로 비운의 생을 마감했기 때문입니다.

시공간의 해를 물리 용어로 '메트릭(metric)'이라 하고, 팽창 우주 해의 정식 명칭은 'FLRW 메트릭'이라 합니다. FLRW는 이 메트릭과 관련된 네 사람의 이름에서 따왔습니다. '프리드만-르메트르-로버트슨-워커'입니다. 1924년 프리드만의 논문 발표와 동시에 미국의 하워드 로버트슨(Howard Robertson)과 영국의 아서 워커(Arthur Walker)도 같은 메트릭을 발견했습니다. 또 1927년 벨기에의 조르주 르메트르가 우주 팽창률의 추정치를 구해 이 메트릭에 공헌했습니다. 이들 네 명에게 경의를 표하기 위해 명칭이 이렇게 길어졌습니다.

예전에 제가 벨기에에서 강연했을 때, 이 우주 메트릭의 이름을 'FRW 메트릭'이라고 표기해 벨기에인의 분노를 샀던 기억이 있습니다. 벨기에 출신 과학자 르메트르가 빠졌기 때문이죠. 그런데 저만의 실수가 아니라 이 메트릭을 FLRW이 아닌 FRW라고 줄여 부르는 일이 많습니다. 거기엔 과학자가 속한 나라의 국제적 영향력이 반영된 것 같기도 합니다.

여기까지 프리드만 방정식에 대해 이야기해 보았습니다. 이 방정식을 이해하기 위해 우리는 우주가 얼마나 넓은지, 어떤 물질들이 있는지, 팽창률이 얼마나 되는지와 같은 지식을 나누었습니다. 이런 지식은 인간이 지구 근처에 쏘아올린 위성으로 우주를 관찰한 결과로부터 온 것입니다. 드넓은 우주의 한 점처럼 보잘것없는 존재인 인간이 약간의 지식과 관측 기술로 우주 전체를 알 수 있는 사실이 새삼스레 놀랍습니다. 이렇게 커다란 우주와 그 우주의 한구석에 존재하는 우리를 잇는 거대한 다리가 바로 프리드만 방정식입니다.

№ 3

블랙홀을 예언하다
슈바르츠실트의 해

우리는 흔히 수식을 현상을 설명하는 방식으로 여깁니다. 그러나 사실 수식은 상상력의 언어입니다. 아직 모르는 것을 예측하고 가설을 세우고 이를 증명해보는 것입니다. 보지도 못한 것, 존재하는지 알 수 없는 것을 증명해내는 일에 가깝습니다. 그런 수식들 중에 슈바르츠실트의 해는 블랙홀을 '상상한' 수식으로 유명합니다.

블랙홀이 무엇인지는 다들 아실 겁니다. 블랙홀은 별이 일생의 마지막에 엄청난 에너지를 방출함과 동시에 일시적으로 매우 밝게 빛나며 폭발하는 현상, 초신성 폭발 후에 생긴 천체입니다.

이를 수학적으로 설명하는 방법은 다음과 같습니다. 우선 아인슈타인 방정식에 '구대칭 시공간'을 설정합니다. 그리고 그 안을 채울 물질은 '진공'으로 선택합니다. 이렇게 해를 구합니

"블랙홀은 시공간의 가장 극단적인 일그러짐을 보여주는 우주의 실험실이다."
— 킵 손(Kip Thorne)

블랙홀의 그림자

다. 구대칭이란 시공간의 모양이 방향에 상관없이 다르지 않아, 같은 구형이라는 가정을 의미합니다.

블랙홀 근처에 가까이 가면 물질은커녕 빛조차 강한 중력에 의해 내부로 끌려 들어갑니다. 이때 빛이 빨려 들어가기 시작하는 경계면을 '사건의 지평선(event horizon)'이라고 하죠.

피타고라스 정리와 블랙홀의 정리가 같다?

그러면 이를 어떻게 수식으로 상상했을까요. 독일의 물리학자이자 천문학자인 카를 슈바르츠실트(Karl Schwarzschild)가 정립한 슈바르츠실트 해는 바로 블랙홀을 설명하는 수식입니다. 슈바르츠실트 해를 '슈바르츠실트 메트릭(계량)'이라고도 합니다. 이 수식은 피타고라스 정리의 형태와 닮았습니다.

피타고라스의 정리를 기억하는지요? $C^2 = A^2 + B^2$, 직각삼각형의 빗변 C가 다른 두 변 A, B와 어떤 관계인지 나타내는 식입니다. 사실 이 정리는 기원전 6세기의 피타고라스보다 천 년이나 전에 바빌로니아인들이 이미 발견한 듯하지만, 여기서 자세한 설명은 넘어가기로 하겠습니다. 피타고라스 정리를 시공간에서의 거리로 변환한 것이 바로 슈바르츠실트의 해입니다.

$$ds^2 = -\left(1 - \frac{r_s}{r}\right)c^2 dt^2$$

$$+ \left(1 - \frac{r_s}{r}\right)^{-1} dr^2 + r^2 d\Omega^2$$

슈바르츠실트의 해

매우 복잡해 보이지요. 그러나 자세히 살펴보면 피타고라스 정리처럼 모든 항이 제곱된 것을 알 수 있습니다. 상대성 이론에서는 3차원에 시간을 더한 4차원 시공간을 다룹니다.

입체의 경우도 이들 4개 성분의 제곱의 합으로 나타내는 거리가 중요한데, 이것을 '세계 거리(world distance)' 혹은 '세계 간격(world interval)'이라고 하는데 수식에서 ds^2을 가리킵니다. 또한 피타고라스 정리에서 말하는 빗변의 제곱이 이에 해당합니다. 시간은 공간과는 별개이므로 마이너스 부호가 붙었습니다.

블랙홀의 '사건의 지평선'은 이 수식에서 r_s에 해당하는 부분입니다. 이를 슈바르츠실트의 반지름이라고도 할 수 있습니다. 이 수식이 어떻게 블랙홀을 예측했다고 말할 수 있을까요? 슈바르츠실트의 반지름은 곧 블랙홀의 크기인데, 이 크기는 질량에 의해 정해집니다. 태양의 경우는 약 3km가 됩니다. 즉, 태양을 꾹꾹 눌러 압축해 그 크기를 반지름 3km까지 줄이면 블랙홀이 된다는 말이죠. 그러나 크기만 줄인다고 태양이 블랙홀이 될 수 없습니다. 그러기 위해선 더 무거운, 즉 태양 질량의 30배 이상되는 질량이 필요합니다.

앞에서 '진공'을 선택한다고 했는데 실제 블랙홀 주위에는 가스나 별의 잔해들이 떠돌고 있습니다. 그러니까 완전한 진공은 아닌 거죠. 그렇다면 이 가스의 움직임은 어떻게 설명해야 할까요. 슈바르츠실트 해를 무대로 해서, 그 무대 위에서 운동하는 빛과 가스 입자의 운동 방정식을 풀어야 합니다. 이것이 뒤에 등장하게 될 '측지선 방정식'입니다. 측지선 방정식을 계산하면 빛과 가스가 어떻게 블랙홀과 반응하는지 알 수 있습니다.

2019년 인류가 처음으로 시각화한 블랙홀 영상이 공개되었습니다. 물론 이 영상은 관측으로 얻은 데이터를 사용했는데 일부는 컴퓨터로 수치 보정을 했습니다. 영상의 수치 계산을 하는 데이터 해석도 매우 복잡하여 몇 년이나 걸릴 정도였죠.

여기서 블랙홀에서 일어나는 물질과의 상호 작용을 계산하니 놀랍게도 블랙홀이 단순히 물질을 빨아들이기만 하는 게 아니라 제트(jet)를 내뿜는다는 사실도 알게 되었습니다. 이 이야기는 나중에 다시 해보겠습니다.

블랙홀 주변에서는 시간이 느려진다

슈바르츠실트 해에서는 특히 우변의 첫 항인 dt^2까지 주목해야 합니다. 이 항은 블랙홀 주변에서 시간이 얼마나 느려지는지 나타냅니다. 계산이 간단하지는 않겠지만, 예를 들어 r이 지평선 r_s의 몇 배 떨어진 장소에 있을지 정하면 계산기로 시간이 얼마나 느려지는지 구할 수 있습니다

이 때문에 블랙홀에서 일어나는 시간 지연을 구체적으로 계산할 수 있죠. 예를 들면 사건의 지평선에서 3배 떨어진 곳에 있을 때 블랙홀 주변의 시간은 아주 먼 곳의 시간보다 약 1.25배 느

려짐을 도출할 수 있습니다. SF 영화 〈인터스텔라〉에는 블랙홀에 가까운 행성이 나오는데, 거기서의 한 시간이 바깥의 7년분에 해당한다는 설정이 나옵니다.

[사실 이는 너무 과장된 설정입니다. 영화 설정대로 한 시간이 7년으로 늘어나려면 6만 배의 시간 지연이 일어나야 합니다. 블랙홀의 사건의 지평선에서 겨우 3배 거리까지 접근했을 때에도, 일어나는 시간 지연은 1.25배에 불과합니다. 시간 지연이 6만 배나 되려면 이 수식에 대입해 단순하게 계산해봤을 때 블랙홀 사건의 지평선 반지름의 0.0000000266퍼센트밖에 안 되는 거리, 즉 정말 블랙홀 코앞의 거리까지 초근접해야 가능합니다. 그러니 〈인터스텔라〉는 굉장히 무리한 설정이긴 합니다. - 감수자 해설]

행성이 사건의 지평선에 아주 가까워야만 이렇게 큰 시간차가 생기기 때문이죠. 그러나 지평선에 닿을 듯이 극히 가까운 장소에 행성 자체가 안정된 상태로 존재할 수 있다는 보증이 없어 매우 현실성이 떨어지는 설정입니다.

사실 슈바르츠실트 수식만으로는 블랙홀의 실체를 모두 알기는 어렵습니다. 이 수식은 블랙홀이 어떤 존재인지 이해하기 위한 기본에 지나지 않기 때문이죠. 슈바르츠실트의 블랙홀은 회전하지 않는 블랙홀입니다. 그러나 우주에 있는 별은 회전 운동을 합니다. 최후에 폭발하여 블랙홀이 되어서도 계속 회전하지요.

슈바르츠실트 해에 이 회전을 더한 것이 '커 해(Kerr metric)'라는 블랙홀 해가 됩니다.

'커 해'는 이 책에서는 다루지 않겠지만, 흥미가 있다면 찾아보길 권합니다. 굉장한 수식이니까요. 물론 어렵습니다. 천문학을 배우는 학생도 이 해를 도출하는 데 쩔쩔맵니다. 슈바르츠실트 해는 비교적 간단하게 구할 수 있지만 커 해는 그렇지 않습니다. 여기에 전하까지 더해진 회전 블랙홀은 '커-뉴먼 해(Kerr-Newman metric)'라고 해서 더 복잡합니다. 이 수식들을 암기해서 쓸 수 있다면 진정한 전문가라고 할 수 있겠습니다.

군 복무 중에도 수식을 잊지 않았던 남자

1915년 아인슈타인의 일반상대성 이론이 발표된 직후, 카를 슈바르츠실트는 특별한 해를 구하는 데 성공했습니다. 제1차 세계대전이 한창일 때 독일군에 복무 중이었던 카를은 러시아에서 자신의 성과를 아인슈타인에게 편지로 전합니다. 전쟁이라는 비상 상황에서도 호기심의 불이 꺼지지 않은 채 연구를 했다니 정말 대단하죠. 편지를 받은 아인슈타인은 종군 중인 그를 대신해 편지의 내용을 논문으로 정리해 발표했습니다.

그리고 4개월 후, 운 나쁘게도 슈바르츠실트는 병으로 세상을 떠나고 맙니다. 그의 나이 42세였습니다. 아주 밝은 별은 짧은 시간 동안 급격히 탄 후 폭발해 블랙홀로 변합니다. 그의 인생도 이처럼 마지막 빛을 내뿜고 인류의 영원한 로망인 블랙홀이라는 존재로 승화했을지 모릅니다. 그의 상상력이 실존하는 실체가 되었다고 할 수 있겠습니다.

  블랙홀의 실제 모습은 국제 협력 프로젝트에서 8개의 망원경을 연결한 지구 크기의 가상 거대 망원경, '이벤트 호라이즌 망원경(Event Horizon Telescope)'으로 관측할 수 있습니다. 첫 촬영은 2017년이며 촬영 사진은 2019년에 공개되었습니다.

№ 4
빅뱅 그 이전에 대한 예언
중력파의 파동 방정식

미분이 무엇인지는 아시지요? 수학에서 '공간 미분'을 나블라(nabla)라 하고 기호 ∇로 표시됩니다. 역삼각형 모양인 이 기호는 하프를 가리키는 그리스어 낱말에서 나왔습니다.

라플라시안(Laplacian)은 공간 미분을 두 번 한다는 의미입니다. 라플라시안은 프랑스의 수학자이자 천문학자인 피에르 라플라스(Pierre Laplace)에서 유래했습니다.

$$\text{라플라시안} \triangle = \nabla^2 \text{ 나블라}$$

공간 미분 기호

① 우주의 수식

이 라플라시안이 들어가는 수식이 있습니다. 바로 '중력파의 파동 방정식'입니다.

$$\frac{1}{c^2}\frac{\partial^2 h\alpha\beta}{\partial t^2} = \triangle h\alpha\beta$$

중력파의 파동 방정식

중력파의 파동 방정식

여기서 ∂는 델이라고 읽습니다. 그리고 미분은 일반적인 분수와 반대로 위에서 아래로 읽습니다.

이 수식은 중력파라 불리는 시공간의 파동을 나타냅니다. 파동 방정식이라는 말도 어려운데 그 앞에 중력파가 붙다니 더 어렵게 느껴집니다. 우선 파동 방정식은 모든 '파동의 운동'을 나타내는 방정식입니다. 음파나 수면파, 빛까지 다 적용할 수 있는데요.

중력파의 파동 방정식에서는 최초의 속도 부분을 가장 주목해야 합니다. 수식의 처음에 등장한 c를 보고 반가운 사람도 있을 겁니다. 맞습니다. 중력파의 속도도 빛과 같아서 광속도 c로 표기합니다.

본래 이 세상에서 가장 멀리에서부터 오는 존재에 순위가 있다면 1위의 왕좌는 빛이 차지했습니다. 그러나 중력파의 존재가 확실해진 지금은 빛과 함께 중력파가 공동 1위를 차지합니다. 심지어 중력파는 빛에 비하면 다른 물질과 상호 작용하지 않는 성질이 압도적으로 강해 더 먼 거리까지 도달한다는 의미에서 한 수 위입니다. 2위는 근소한 차로 뉴트리노(중성미자)가 차지합니다. 뉴트리노도 기본적으로 다른 물질과 상호 작용하지 않는 투과성이 있습니다. 지구에서도 매일 수백 개가 넘는 뉴트리노가 여러분을 통과하고 있습니다. 느낄 수 없어서 다행이지 않나요.

일본 기후현 가미오카 광산 지하 1,000미터 지점에 위치하는 슈퍼 카미오칸데(Super-Kamiokande)라는 뉴트리노 검출기에서는 하루에 약 10개의 뉴트리노를 관측할 수 있습니다. 뉴트리노의 속도도 거의 광속에 가까운데 질량이 약간 있는 탓에 빛보다 매초 6km 정도 느립니다.

방정식의 처음에 나오는 c^2이 해당 파동의 속도를 의미합니다. 예를 들어 음파라면 이 부분이 음속 v=매초 340m가 됩니다. 이것이 바로 1 마하(mach)라는 단위죠. 전투기의 속도가 마하 2라는 이야기를 들은 적이 있을 겁니다. 파동 방정식의 매력은 바로 이 부분, '스피드 승부'에 있습니다.

다음으로 중력파에 대해 알아보겠습니다. 중력파란 시공간에 발생하는 잔물결이라고 할 수 있습니다. 폭발이나 충돌이 있을 때 급격한 질량 변화로 인해 시간과 공간의 흔들림이 파동의 형태로 퍼져 나가는 것입니다. 중력파는 한마디로 '시공간 왜곡의 전파'라고 할 수 있습니다.

[이것은 아인슈타인 방정식과 관련이 있습니다. 중력이 전혀 없는 이상적인 평탄한 시공간 위에서 아주 작은 잔물결과 같은 미세한 왜곡이 벌어진다고 가정해봅시다. 이상적으로 평탄한, 민코프스키 공간에 대해서 미세하게 요동치는 작은 어긋남을 $h_{\alpha\beta}$라고 합시다.

그러면 전체 시공간의 구조는 $g_{\alpha\beta} = \eta_{\alpha\beta} + h_{\alpha\beta}$로 표현할 수 있습니다. 흥미롭게도 이렇게 잔물결을 추가한 아인슈타인 방정식을 새롭게 풀면 파동 방정식의 형태로 표현되는 것입니다.

중력이 파동으로 새롭게 기술되는 것이고, 이것이 바로 중력파입니다. 평탄한 시공간 위에 잔물결이 추가되면서 하나의 거대한 시공간의 떨림으로 새롭게 태어납니다. — 감수자 해설]

우주의 저편에서도 느낄 수 있는 파동, 중력파

이 수식이 왜 중요한지 살펴보겠습니다. 중력파는 엄청나게 먼 우주에서도 도달할 수 있습니다. 때문에 천문 관측의 유용한 마법 도구입니다. 저 멀리 떨어져 있는 블랙홀의 존재를 알게 해주는 것도 이 중력파입니다. 블랙홀 같이 중력이 강한 천체가 2개의 쌍성(binary star)인 경우, 서로의 주위를 도는 타원 운동을 합니다. 이렇게 블랙홀 댄스가 시작되면 주변의 시공간에 파동이 생기고 그 파동은 우주 전체로 퍼져갑니다. 그리고 우리에게 와 닿겠지요. 중력파의 파동 방정식은 바로 이 현상을 설명하는 방정식입니다.

일반상대성 이론을 발표했을 때, 아인슈타인은 중력파를 예언했지만 관측할 수는 없었습니다. 그로부터 백 년 후인 2015년 9월 미국 워싱턴주에 위치한 '레이저 간섭 중력파 관측소(라이고, LIGO)'라는 지상에 건설된 수 킬로미터에 달하는 거대한 관측기기로 중력파가 관측되었습니다. 관측명은 'GW150914'로 GW는 'gravitational wave', 즉 중력파의 약자고 그 뒤의 숫자는 날

짜입니다. 관측 결과의 해석이 2016년에 공개되었고 라이고 연구팀은 이 성과로 2017년에 노벨상을 받았습니다.

이때 검출된 중력파는 13억 광년이나 떨어진 두 블랙홀의 댄스에서 생긴 것이었습니다. 그렇게 먼 곳의 신호가 발견되다니 정말 마법 같네요. 중력파는 대부분 물질과 상호 작용을 하지 않아 그대로 통과한 채 먼 거리까지 전해질 수 있습니다. 그래서 중력파를 머나먼 곳의 정보를 '볼' 수 있는 차세대 망원경이라고도 하고, 우주를 꿰뚫는 엑스레이라고도 합니다.

중력파 관측이 당장 우리의 일상생활을 바꾸지는 않을 겁니다. 하지만 인류가 우주를 이해하는 폭은 획기적으로 넓어질 전망입니다. 이전까지 빛이라는 '한쪽 눈'만으로 우주를 봤다면, 이제 중력까지 포함해 '두 눈'으로 우주를 보게 되는 셈이니까요.

중력파로 더 먼 우주를 관측할 수 있게 되면 빅뱅보다 더 오래된 우주의 시작도 이전보다 분명하게 밝혀질 가능성이 있습니다. 검출 발표 후 중력파 관측 건수는 매우 늘어나 2022년 상반기에 누적 90건에 달했습니다. 앞으로 점점 늘어나리라 예상합니다.

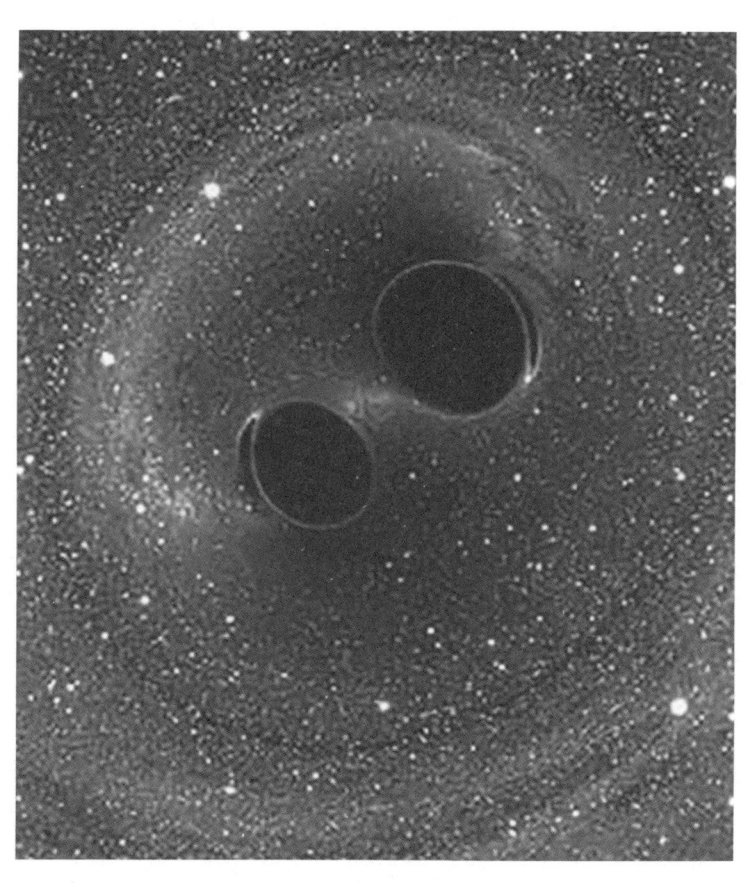

검출된 중력파 GW150914

발견되는 데 백 년이나 걸린 이유는

아인슈타인은 일반상대성 이론을 발표한 다음 해에 이 방정식으로 시공간의 휘어짐이 파동으로 전해짐을 예언했습니다. 그러나 이 파동은 10^{-21}이라는 극히 작은 흔들림이라서 검출하는 데 매우 긴 시간이 걸렸죠.

따라서 아인슈타인의 생전은커녕 거의 백 년이라는 세월이 흐른 2015년에야 겨우 직접 관측에 성공했습니다. 하지만 직접 검출 전에도 간접적으로 '중력파는 거의 틀림없이 존재한다'는 사실은 알려져 있었습니다.

여기 펄서(pulsar)라는 규칙적으로 전파를 내뿜는 우주 등대 같은 천체가 있습니다. 우주에는 홀로 존재하는 천체도 많지만 2개 이상의 쌍성으로 존재하는 천체도 많습니다. 펄서 중에도 이렇게 2개 이상인 천체는 '쌍성 펄서'라 합니다. 1974년에 미국의 조지프 테일러(Joseph Taylor)와 러셀 헐스(Russell Hulse)가 쌍성 펄서를 관측했고 그들은 이 업적으로 1993년에 노벨상을 받았습니다.

쌍성 펄서 중 한 펄서는 중성자별이라는 매우 고밀도에 중력이 강한 천체여서, 공전 운동의 영향으로 도달하는 펄스(pulse)의 간격이 조금씩 짧아지는 게 발견되었습니다.

이 현상은 중력파가 방출되고 있음을 분명히 말해줍니다. 그 후 발견된 쌍성 펄서의 변화와 일반상대성 이론의 예측 역시 일치해서 직접 관측되기 전부터 중력파는 명실상부하게 존재한다는 것이 증명되었습니다. 즉, 있는지 없는지를 내기하는 것이 의미가 없는 당연히 발견될 존재였습니다.

그럼에도 직접 관측하기까지는 정말이지 고된 과정이었습니다. 중력파를 검출하는 방법을 간단히 설명하겠습니다. 우선 대형 간섭계를 만듭니다. 대형 간섭계란 빛의 간섭 현상을 이용하여 파장이나 굴절률 등을 측정하는 장치입니다. 미국의 물리학자 앨버트 마이컬슨(Albert Michelson)이 고안한, 빛의 속도를 재는 실험에서 쓰는 마이컬슨 간섭계와 비슷합니다. 이 장치는 레이저 광선을 'L'자처럼 직각으로 길게 뻗은 팔로 나누어 날린 후 수 킬로미터나 되는 팔을 왕복한 광선을 관측하는 장치입니다.

만약 이 장치에 중력파가 통과하면 시공간이 휘어지고 그로 인해 어느 한 방향에 거리의 차이가 생기므로 간섭 모양이 변합니다. 측정 원리는 전부터 알려져 있었지만 너무나 극소한 차이라 현실에서는 미세한 지면의 진동을 제거하거나, 온도 관리를 해야 하는 등의 난관을 해결해야 했습니다. 중력파의 파동 방정식은 바로 수많은 과학자들이 해내야 했던 이러한 힘난한 고생 끝에 증명된 것입니다.

"힘이 작용하지 않으면 물체는 정지해 있거나 같은 속도로 직선 운동을 계속한다."
— 아이작 뉴턴

№ 5

방정식계의 고전
뉴턴 운동 방정식

이제부터는 뉴턴의 운동 방정식을 살펴보겠습니다. 위대한 과학자, 뉴턴이 정리한 역학 체계의 근간을 이루는 방정식입니다. 굉장히 간단하지만 매우 중요한 방정식으로 고등학교 물리 시간에 반드시 배웁니다. 이 방정식은 단 하나의 문장으로 설명할 수 있습니다. 질량이 m인 물체에 힘 F를 작용하면 그 물체는 가속도 a로 운동한다는 의미입니다.

대학교 역학 수업에서는 가속도 부분을 $a = \frac{d^2x}{dt^2}$라고 미분으로 표기해 미적분을 써서 가르칩니다. 미적분은 고등학교 수학에서도 배우지만 물리학 시험에서는 원칙적으로 미적분을 쓰면 안 되기 때문에, 물리학과 학생들은 미적분을 완벽하게 하지 못하는 경우가 많습니다.

어쨌든 이 방정식에서 중요한 점은 미분이라는 수학 도구가 확립되었다는 점입니다. 물리량의 변화를 자기 자신에 대한 미분으로 표현하는 방식으로 역학의 본질을 잘 파악한 수식입니다.

$$ma = F$$

뉴턴 운동 법칙

'힘'이라는 개념을 결정하다

뉴턴의 운동 법칙에서 좌변은 단지 1항이지만 경우에 따라 우변에 여러 항들을 표현할 때가 많습니다. 즉, 좌변은 물체의 운동을 나타내는 가속도뿐인데 우변에 그 물체에 영향을 주는 힘을 모두 쓰는 것입니다. 예를 들면 '중력+전자기력+공기저항+…'처럼 말이죠.

들어가는 요소 중에는 이런 것도 있습니다. 야구의 포크볼 같은 변화구에서는 마지막에 들어가는 양력이 중요할 때가 많습니다. 양력은 물체의 운동 방향에 수직으로 작용하는 힘을 말합니다. 만약 포크볼의 가속도를 구하려면 볼에 들어가는 모든 종류의 힘을 대입해서 풀어야겠지요.

이 수식의 진정한 가치는 다른 면에 있습니다. 바로 인류가 처음으로 '힘'이라는 개념을 정량화했다는 점입니다. 즉, '힘'이란 무엇이냐. 물체의 질량×가속도에 따라 정량화된 양이라는 것입니다. 17세기 뉴턴의 이 정의로 인해 현대 역학 체계가 시작됐습니다. 단순하지만 심오한 첫 걸음입니다. 마치 달 표면에 최초로 착륙한 우주선 아폴로호처럼 엄청난 의미를 지니는 수식이죠.

역학 체계에는 무대장치인 '장 방정식'과 무대 위에서 춤추는 '운동 방정식', 두 종류가 있다고 앞서 말했습니다. 중력의 경우 장은 지구가 만드는 '중력장'입니다. 중력장은 다음에 나올 '푸아송 방정식'으로 나타냅니다. 그리고 그 중력장 위에서 운동하는 물체의 규칙을 정하는 식이 바로 '뉴턴의 운동 방정식'입니다.

중력장은 대부분 ϕ(파이)로 표기합니다. 이때 힘은 $-m\nabla\phi$가 됩니다. 이 식은 '나블라'라는 공간 미분으로 나타내집니다. 여기까지를 뉴턴의 중력 이론 혹은 고전역학이라고 합니다.

$$F = -m\nabla\phi$$

중력장

힘

중력장을 넣은 수식

뉴턴 운동 방정식의 매력은 아까 말했듯 모든 힘에 적용할 수 있어 보편적이라는 점입니다. 뒤에 나오는 전자기학에서도 로런츠 힘(Lorentz force)이라는 전자기력을 넣으면 물체의 운동 방정식을 풀 수 있습니다. 물리학에서는 뉴턴 역학과 전자기학의 앞에 '고전'이라는 말을 붙여 현대의 양자역학과 구별합니다. 그러니까 이 수식은 '고전 중의 고전'이라고 부를 만하겠죠.

고전역학과 고전 전자기학은 이름에 비록 '고전'이 붙었지만 우리 주변에서 흔히 보는 현상의 90퍼센트를 설명할 수 있습니다. 예컨대 달리기나 수영 대회에서 어떻게 하면 빨리 달릴 수 있을지, 혹은 빨리 헤엄칠 수 있을지 알고 싶다면 이 수식을 풀어보기 바랍니다.

물론 인간을 비롯한 생물의 운동을 물리적으로 정밀하게 해석하려면 고전역학 위에 인체의 구조 역학과 복잡한 공기의 유체 역학 같은 과정을 추가해야 합니다. 하지만 그 점만 주의하면 모든 운동의 바탕은 이 수식이라고 단언해도 좋습니다.

케임브리지대학교와 뉴턴

통칭 "프린키피아"로 알려진 뉴턴의 명저 『자연 철학의 수학적 원리』는 1687년에 세 권으로 출간되었습니다.

뉴턴은 영국 케임브리지대학교에 입학해 재능을 꽃피웠습니다. 미적분, 역학 외에 수차와 다리 등의 설계학, 공학 분야도 연구했습니다. 무지개의 일곱 색도 그가 발견했다고 합니다. 저는 케임브리지대학에 연구원으로 머물면서 현지에서 뉴턴의 생생한 자취를 접할 기회가 많았습니다.

케임브리지대학은 1209년에 세워져 창립 팔백 년 이상을 자랑하는, 영국에서 두 번째로 오래된 대학입니다. 수많은 노벨상 수상자를 배출했는데 철학자 프랜시스 베이컨(Francis Bacon), 정치가 올리버 크롬웰(Oliver Cromwell), 시인 존 밀턴(John Milton), 그리고 생물학자 찰스 다윈(Charles Darwin)도 케임브리지 졸업생입니다.

케임브리지에는 캠퍼스와 비슷한 칼리지라는 대학이 따로 있습니다. 도시 이곳저곳에 칼리지가 흩어져 있어 도시 전체가 대학교 캠퍼스와 같은 상태죠. 뉴턴은 물리학 분야의 명문 칼리지인 트리니티 칼리지 출신입니다.

칼리지는 강의가 이루어지는 강의실이 있는 대학 시설로 기숙사 같은 숙박 시설과 식당, 교회도 있는 복합적인 대학 건물입니다. 영화 〈해리 포터〉 시리즈에서 주인공들이 각 기숙사에 배정되었는데 칼리지 제도도 그와 비슷합니다. 트리니티 칼리지의 식당은 〈해리 포터〉에 나온 듯한 긴 테이블이 늘어서 있고 벽에는 유명한 역대 물리학자의 초상화가 나란히 걸린 엄숙한 분위기입니다. 뉴턴도 그중 한곳에서 지금도 빛나고 있죠.

영국에서 가장 오래된 옥스퍼드대학교도 마찬가지지만 케임브리지에는 지금도 계급 사회의 흔적이 짙게 남아 있습니다. 식사 시간에 식당 가장 앞쪽으로 교수진이 가운을 입고 들어오면 모두 일제히 일어난답니다. 그리고 '잘 먹겠습니다'가 아닌 라틴어로 인사한 후 코스 요리 같은 정찬이 시작됩니다. 디저트로 치즈를 먹는 시간도 있습니다. 교수들은 이것도 별실에서 다른 메뉴를 먹습니다.

퀸스 칼리지에는 뉴턴이 설계했다는, 못을 전혀 쓰지 않고 곧은 목재만 짜맞춰 만든 '수학의 다리'가 있습니다. 또 뒤에 나올 유명한 뉴턴의 사과나무도 트리니티 칼리지 입구에 심어져 있습니다.

역학 체계를 정리한 『프린키피아』의 초판본도 학교 도서관에 소중하게 진열되어 있습니다. 진열장에는 뉴턴이 당시 애용했던 펜과 지팡이, 수첩이 같이 들어 있습니다. 수첩에는 라틴어 단어가 작은 글자로 빽빽하게 적혀 있습니다. 라틴어는 당시 옛 문헌을 읽을 때 반드시 필요했을 것입니다. 뉴턴은 44세였던 1687년에 『프린키피아』를 이 지역에서 출판했습니다. 케임브리지는 런던에서 급행열차로 한 시간 정도 걸리는 곳에 위치한 한적한 도시인데 뉴턴이 살았던 곳의 분위기를 맛보기 위해 한번 방문해보는 것도 좋겠습니다.

"우주에는 중력과 같은 법칙이 있기 때문에
우주는 무에서 스스로를 창조할 수 있고, 창조할 것이다."
— 스티븐 호킹

№ 6

미래의 행성 이주에 쓰일 수식

푸아송 방정식

　　　　　푸아송 방정식의 이름은 프랑스의 수학자이자 물리학자인 시메옹 드니 푸아송(Siméon Denis Poisson)에서 유래했습니다. 푸아송의 아버지는 그에게 의학을 공부하라고 권했지만 그쪽엔 재능이 없어서 수학의 길에 매진했다고 합니다.

　푸아송은 행성 운동에도 관심이 많았습니다. 이 책에는 중력에 관한 푸아송 방정식만 나오지만 전자기학에도 푸아송 방정식이 있습니다. 그 밖에도 유체를 다루는 유체 역학에서 중요한 의미를 가진 일반식의 명칭으로도 쓰입니다.

우주선이 탈출하는 데 필요한 속도를 구하다

푸아송 방정식은 뉴턴 중력 이론의 '중력장 방정식'입니다. 즉, 물체가 연기하는 장소인 무대를 준비하는 수식이죠. 수식은 다음과 같습니다.

$$\Delta \phi = 4\pi G \rho$$

푸아송 방정식

여기서 ρ는 '로', ϕ는 '파이'라 읽습니다. 이 수식은 질량을 나타내는 우변의 ρ가 정해지면 좌변의 중력장 ϕ도 정해지는 방식으로 이루어집니다. 지구를 예로 들어봅시다. 중력장은 지구 전체의 질량과 관련이 있습니다. 또 라플라시안 안에는 공간 미분이 포함되어 있으므로 공간 거리, 즉 지구 중심에서의 거리 r 과도 관계가 있습니다.

[이는 만유인력의 법칙과 관련이 있습니다. 푸아송 방정식으로부터 ϕ만 구할 수 있다면 그 ϕ의 기울기가 자연스럽게 중력

장이 되고, 결과적으로 뉴턴의 만유인력 법칙이 자연스럽게 유도됩니다. - 감수자 해설]

이 수식은 아인슈타인 방정식을 완성할 때 하나의 역할을 했습니다. 아인슈타인은 중력 이론을 세울 때 리만 기하학을 써서 방정식을 유도했습니다. 아인슈타인 방정식을 보면 등호의 바로 뒤에 계수 $8\pi G$가 보입니다. 이 $8\pi G$의 최종 형태를 바로 이 뉴턴 중력 이론과 같아지도록 한 것입니다.

$$G\mu\nu = \frac{8\pi G}{c^4} T\mu\nu$$

아인슈타인 방정식

[즉, 방정식 속에 들어가는 계수, 특히 등호 오른쪽에 붙는 계수 $8\pi G$의 최종 형태는 그냥 아무렇게나 정한 게 아닙니다. 푸아송 방정식에서의 계수 $4\pi G$와 꼴이 일치하도록 일부러 맞춰서 만든 것입니다. - 감수자 해설]

① 우주의 수식

왜 아인슈타인은 뉴턴의 이론과 맞추었을까요. 이는 이론을 구축하는 과정에서 매우 중요한 일입니다. 과학자는 어떤 이론이든 세울 수 있지만, 어떤 극한값을 취했을 때 반드시 이미 현상을 기술하고 있는 다른 기존 이론과 일치해야 합니다.

앞에서 자연계는 각각의 이론들이 퍼즐의 조각처럼 맞추어져 설명된다고 표현했는데요. 그런 뜻에서 아인슈타인 방정식은 약한 중력장에서의 뉴턴의 중력 이론과 일치합니다.

그런데 더 상위 버전의 아인슈타인의 방정식이 있는데, 왜 우리는 뉴턴의 중력 이론을 계속 써야 할까요. 뉴턴의 중력 이론은 필요 없지 않느냐고 물어볼 수도 있을 겁니다. 그렇지 않습니다. 우리가 사는 지구 위의 역학은 아인슈타인의 중력 이론으로는 도리어 먼 길을 헤매게 되어 뉴턴 중력 이론을 쓰는 게 편합니다.

[아인슈타인의 중력이론(일반상대성 이론)은 비선형 편미분 방정식(텐서 방정식)으로 이루어져 있습니다. 이 계산은 각종 텐서와 공간 미분 등 복잡한 계산을 필요로합니다. 그리고 사실 실제 우주에서 아주 극도로 정확한 해를 구해야 하는 경우는 매우 드뭅니다. 만약 단순히 지구 위에서 떨어지는 사과의 움직임을 기술하기 위해서 굳이 아인슈타인 방정식을 쓴다면 쓸데없이 복잡한 수식과 계산을 거치느라 오히려 길을 잃게 됩니다. 그러므로 우주에서 일반적으로 경험하는 물리 현상을 기술하기 위해서 굳이 복잡한 아인슈타인 방정식까지 들먹일 필요는 없는 것이죠. ─ 감수자 해설]

대신 더욱 넓은 우주 전체, 은하가 수억, 수조 개나 존재하는 규모가 되어서야 비로소 아인슈타인의 중력 이론이 빛을 발합니다. 각각의 이론이 쓸모 있는 영역이 다르다는 말이 이제 또렷이 와닿을 것입니다.

지구의 중력장을 구대칭으로 구한 수식은 다음과 같습니다.

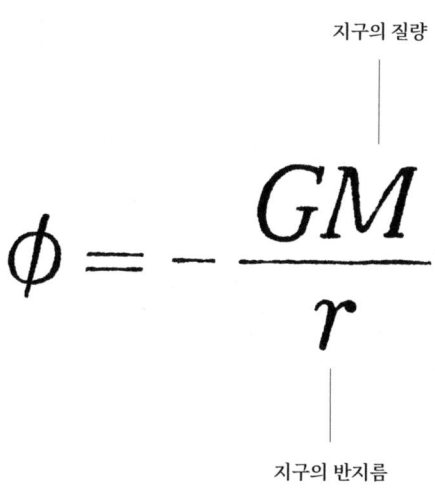

지구의 질량

$$\phi = -\frac{GM}{r}$$

지구의 반지름

지구 중력장을 구대칭으로 구한 식

중력장 ϕ는 '중력 퍼텐셜(gravitational potential)'이라고도 하고 중력의 위치 에너지도 의미합니다. 에너지 보존 법칙을 기억하시지요? 어떤 에너지가 다른 에너지로 바뀔 때, 바뀌기 전후의 에너지의 총합은 항상 일정하게 보존된다는 법칙입니다. 지구 중력장을 구대칭으로 구한 식은 에너지 보존 법칙과 관계 있습니다.

M은 지구의 질량을 말합니다. 지구 중심에서 거리가 멀어질수록, 즉 r이 커질수록, 다시 말해 지구로부터 멀어질수록 점점 중력 에너지가 늘어나 마지막엔 0에 가까워집니다. 우변 전체에 마이너스가 붙어 있어 음의 값이니까 그렇겠죠.

중력은 끌어당기는 힘입니다. 중력원에서 먼 곳으로 갈수록 중력원의 영향이 사라지면 에너지는 제로가 되고 중력에서 탈출할 수 있습니다. 지구에서 쏘아 올린 우주선이 지구를 탈출할 수 있는 것이지요. 이 속도를 '제2 우주 속도'라고 하며 지구의 경우 초속 약 11km입니다. 로켓의 최소 속도이자 지구 탈출 속도라고도 합니다.

티끌 모아 태산을 이루는 만유인력

이 수식의 매력은 뭐니 해도 $4\pi G$의 G 부분의 반짝임인데요. G는 만유인력 상수 혹은 뉴턴의 중력 상수라고 합니다. 이 값이 매우 작기 때문에 자연계의 네 가지 힘 중 중력만 특별한 존재가 되었습니다. 중력은 다른 소립자력이나 전자기력에 비해 굉장히 약합니다. 그러나 아무리 약하다 해도 '만유(萬有)'라는 강력한 성질에 주목해야 합니다. 그 말은 전 우주에 존재하는 질량을 가진 모든 물체가 서로 영향을 끼친다는 뜻입니다. 즉, 천체처럼 거대한 물체에서는 중력이 절대적인 힘이 됩니다.

따라서 우주에서는 중력이야말로 가장 최고의 힘입니다. 티끌 모아 태산이라고 하듯 먼지처럼 작은 것도 쌓이면 산처럼 많아질 수 있죠. 그리고 우주에서 중력이 지배적인 힘이 된 또 다른 이유가 있습니다. 바로 중력에는 끌어당기는 힘 '인력'만 있고, 밀어내는 힘 '척력(斥力)'이 없다는 점입니다. 다른 힘을 보면 인력과 척력이 같이 있기도 합니다. 전자기력을 보면 같은 극끼리는 밀어내지요. 그런데 중력은 끌어당기는 힘만 있으니, 힘이 상쇄되는 경우가 없습니다. 척력이 없는 것은 중력의 기묘한 본질 중 하나입니다. 만유인력 상수 G는 그런 중력의 심오함을 상징합니다.

실은 지구에서도 장소에 따라 미묘하게 중력이 다릅니다. 행성 중심으로부터의 거리가 조금씩 다르기 때문인데요. 적도 쪽이 극지방보다 중심에서의 거리가 더 길어서 중력도 약합니다. 게다가 원심력까지 작용해 적도에서는 북극보다 체중이 약 0.5퍼센트 가벼워집니다. 이렇게 지상 여러 곳의 중력이 어떻게 다른지 조사하는 일을 '지상 중력 측정'이라 합니다.

만약 미래에 인류가 새로운 행성에 이주하게 되면 각 지점에서의 중력을 측정할 때 푸아송 방정식이 중요한 역할을 할 것입니다. 지구와 다른 중력 환경을 조사하기 위해 쓰이겠지요.

이 푸아송 방정식에서 우변이 0이 되는 경우를 '라플라스 방정식'이라 합니다. 피에르 라플라스(Pierre Laplace)는 수학과 물리학에서 위대한 업적을 남긴 인물로 푸아송과 같은 프랑스인입니다.

라플라스 방정식은 물리에서 매우 중요합니다. 이 식을 사용하면 물체에서 멀리 떨어진 장소에서 일정한 상태에 머무는 경우를 다룰 수 있습니다. 라플라스 방정식은 조화라는 균형 상태를 나타냅니다.

라플라스는 길이 단위인 m의 기원과도 관련이 있습니다. 1m의 정의는 무엇일까요. 지구 자오선 길이의 천만 분의 1을 정의한 길이입니다. 길이 단위를 이렇게 정하자 처음 제안한 사람이 바로 라플라스입니다.

우리는 뒤에서 양자역학의 확률론적 사고와 대비되는 결정론적 사고에 대해서도 알아볼텐데요. 이때 나오는 '라플라스의 악마(Laplace's demon)'라는 멋진 명칭도 그의 이름에서 유래했습니다. 라플라스는 푸아송보다 한 세대 윗사람인데 이 두 사람을 통해 당시 프랑스의 학술 수준이 얼마나 높았는지 짐작할 수 있습니다.

№ 7

당신도 나도 서로 끌리고 있다
만유인력 법칙

        이제 그 유명한 만유인력의 법칙을 다룰 때가 왔습니다. 뉴턴은 운동 방정식의 확립과 '만유인력'의 발견으로 역학에 크게 기여했습니다. 현재 자연계의 모든 현상은 네 가지 힘으로 기술할 수 있다고 여겨집니다. 네 가지 힘이란 이른바 양자역학적 힘이라고 총칭되는 강력과 약력, 그리고 전자기력과 중력입니다.

  뉴턴은 이 중 중력의 본질이란 질량을 가진 우주의 모든 물질에 작용하는 보편적인 힘이라는 사실을 밝혔습니다. 즉, 자연계의 4개 힘 중 하나의 본질을 파악한 것이죠. 그가 사망한 뒤 다른 3개의 힘은 물리학상 커다란 진전이 있었습니다. 하지만 중력이 관여하는 역학만은 아인슈타인이 출현하기까지 이백 여 년간 그다지 큰 진전이 없었습니다. 모두 뉴턴의 만유인력 법칙

"만유인력은 사랑에 빠진 사람을 책임지지 않는다."
— 알베르트 아인슈타인

으로 중력이 완성되었다 생각했으나, 일반상대성 이론이 등장한 후에 중력이 큰 경우에는 이 수식도 변한다는 것이 알려졌습니다.

그래도 지구상의 중력 현상, 달이나 행성의 운동까지 이 수식으로 한 번에 해결한 뉴턴의 위대함은 이루 말할 수 없습니다. 만유인력 법칙의 의미는 다음과 같습니다.

$$F = \frac{GmM}{r^2}$$

만유인력 법칙

이 수식은 각각의 질량이 m과 M인 두 물체가 거리 r만큼 떨어져 있을 때, 두 물체에는 만유인력 F가 작용한다는 뜻입니다.

사과도 달도 떨어지고 있다

여기에서 중요한 건 어떤 물체든 질량만 있으면 반드시 만유인력이 작용한다는 점입니다. 뉴턴은 사과가 나무에서 떨어지는 현상과 달이 지구를 도는 운동은 같다고 간파했습니다.

보통 사람들은 천재가 보는 세상을 곧바로 이해하기 어려울 것입니다. 평범한 사람이 하늘에 뜬 달과 사과를 동일시할 수 있을까요? 앞서 말한 '어떤 물체여도' 부분이 의미하는 '만유'라는 말의 무게를 실마리로 생각해봅시다.

도대체 어떻게 그런 생각을 할 수 있었는지 질문한다면 대답은 '양쪽 다 상대가 지구니까요'가 될 수 있습니다. 즉, 사과 m과 지구 M의 쌍을 달 m과 지구 M의 쌍으로 유추한 것이죠.

그럼 사과는 땅에 떨어지는데 달은 왜 떨어지지 않는지 궁금해지는데요. 고심하던 그는 결국 '사실은 달도 계속 떨어지고 있다!'고 깨닫습니다. 즉, 실은 달도 사과도 똑같이 지구에 이끌리고 있는 거죠. 그런데 달은 물체가 운동을 시작할 때의 속도인, 초기 속도가 크고 지구의 지면이 둥그렇기 때문에 낙하하지 않고 지구 주위를 계속 원운동 하는 것입니다.

공을 멀리 수평으로 던지는 장면을 상상해봅시다. 공은 어딘가까지 날아가다 어딘가에 떨어집니다. 그럼 공보다 더 빠른 총알이라면? 총알은 더 멀리 수평으로 날아가겠죠. 초기 속도가 빠를수록 떨어질 때까지 이동한 수평 거리도 길고 멀어짐을 알 수 있습니다. 게다가 지구 규모에서 지면은 구형이므로 그 전까지는 수평으로 날아갔지만 이번에는 구면으로 휘어서 날아가게 됩니다. 그러므로 달은 지금도 '계속 낙하하고 있다' 혹은 '낙하할 때까지 수평 운동을 지속하고 있다'고 해석할 수 있습니다.

이 식에는 또 다른 형태가 있는데 어떤 행성의 중력을 구할 때 편리합니다.

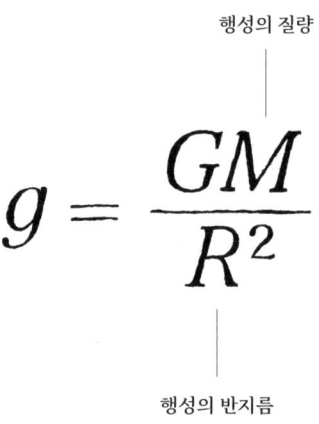

어느 행성의 중력을 구하는 수식

여기서 g는 중력가속도입니다. 지구상에서 중력가속도는 대략 $9.8m/s^2$입니다. 이 식은 중력가속도가 어디에서 왔는지 알려줍니다. 즉, 지구의 질량 M과 반지름 R을 식에 대입하면 값이 나옵니다.

이 수식으로 인해 평소에는 느낄 수 없는 지구의 크기가 눈앞의 낙하 현상과 직접 연관되어 있음을 알 수 있습니다. 지구가 아무리 거대하다 해도 중력은 그다지 강하지 않습니다. 우리는 땅에서 쉽게 발을 뗄 수 있고, 혹은 점프해서 신체를 바닥에서 완전히 떨어뜨릴 수도 있습니다. 만약 중력이 아니라 강력이라면 무슨 짓을 해도 땅에서 발이 떨어지지 않았겠죠.

지구의 질량은 약 10의 24^2kg입니다. 여러분 한 사람을 지면에 완전히 붙게 할 수는 없습니다. 바꾸어 말하면 그 정도로 중력이 약하다는 뜻인데요. 왜냐하면 만유인력 상수 G가 매우 작기 때문입니다. 이는 현대 물리학에서 아직 수수께끼로 남아 있는 난제입니다. 우리가 만유인력을 이야기할 때 '그러면 눈앞에 있는 두 사람은 서로 끌리겠네?'라고 생각하지만, 실제로 서로 끌리는지는 전혀 느낄 수 없는 것처럼 말입니다.

수식을 보고 $r=0$이면 무한히 발산하므로 이 수식이 이상하다 생각하는 사람도 있을 겁니다. 맞습니다. 극히 짧은 거리일 때는 정확하지 않습니다. 실험을 위해 물체끼리 접촉하려 하면 원자·분자끼리의 정전기력이 강해지고 이것이 척력으로 작용해 실제 중력의 영향을 알 수 없게 되죠. 하지만 현재에도

0.1mm보다 작은 스케일에서 중력 법칙이 어떻게 되는지 실험하는 연구가 진행되고 있습니다.

만유인력의 법칙을 '역제곱 법칙'이라고도 하는데요. 이 법칙이 거리 r의 제곱에 반비례하기 때문입니다. 이 법칙이 어긋나면 사실 우리 세계가 3차원 공간보다 윗차원에 있을지 모른다는 아이디어로 이어집니다. 이쯤 되면 이야기가 복잡해지므로 생략하겠습니다.

그러면 이 식을 써서 다른 행성의 중력을 구해볼까요. 실제 행성의 숫자를 넣어 계산하는 것보다 그 행성의 질량이 지구의 몇 배인지만 알면 더 쉽게 구할 수 있습니다. 예를 들면 달의 질량은 지구의 약 0.0123배(123이라니 외우기 쉽죠)고 크기는 4분의 1 정도입니다. 비례·반비례만 생각하면 G 값을 넣을 필요도 없이 $0.0123 \times 16 =$ 약 0.19배가 되죠. 6분의 1은 약 0.17이므로 달의 중력은 지구 중력의 약 6분의 1입니다. 이렇게 하면 화성이나 목성 등 다양한 값을 대입해서 금방 해를 구할 수 있습니다.

반대로 중력이 엄청나게 강한 경우는 어떻게 될까요? 이 경우는 M을 크게, 천체의 크기는 작게 설정하면 됩니다. 고밀도 천체인 중성자별이나 블랙홀이 이에 해당합니다. 중성자별은 질량은 태양과 비슷한데 반지름은 대략 10km밖에 되지 않습니다. 쉽게 설명해 중성자별의 크기가 각설탕 1개 정도라고 치면, 정작 무게는 10억 톤에 이른다는 이야기입니다.

만유인력 법칙의 매력은 '만유'라는 말에 있습니다. 모든 물체에 작용하는 힘이란 실로 기묘하고 신비롭죠. 게다가 척력은 없고 인력만 존재한다는 사실도 정말 기이합니다. 아인슈타인도 농담으로 "당신과 내가 서로 끌리는 것도 이 수식 덕분이야"라고 말했습니다.

마녀사냥과 맞서 싸운 케플러의 법칙

만유인력의 법칙의 발견 뒤에는 독일 천문학자인 요하네스 케플러(Johannes Kepler)의 공로가 있었습니다. 그는 1599년에 튀코 브라헤(Tycho Brahe)라는 덴마크 천문학자의 조수로 프라하에 초대된 적 있습니다. 브라헤는 그때까지 수십 년 동안 자세히 관측한 엄청난 양의 행성 운동 자료를 지니고 있었는데요. 당시 사람들은 아직 지동설을 믿지 않았고, 브라헤도 자신의 관측 데이터에서 수정된 천동설만 이끌어낸 상태였습니다.

그 와중에 1601년 브라헤가 세상을 뜨고 16년에 걸친 행성 관측 데이터가 케플러 수중에 들어왔습니다. 그리고 1609년 케플러는 케플러의 제1법칙, 제2법칙을 발표하고, 1619년에는 만유인력 법칙에 가장 크게 공헌한 '케플러의 제3법칙'을 발표했습니다. 제3법칙은 "행성 공전 주기의 제곱은 공전 궤도 긴 반지름의 세제곱에 비례한다"였죠.

이 법칙이 훗날 뉴턴의 착상에 결정타를 던져 역제곱 법칙으로 만유인력의 식이 확립됩니다. 그러나 그 당시는 지동설이 종교적으로 이단 취급을 받았습니다. 케플러가 자신의 법칙을 발표하자 그의 어머니는 마녀재판에 불려 나갔습니다. 지금에야 믿기 힘든 이야기지만 당시 지동설은 정말로 천지를 뒤집는 '폭탄 발언'이었으니까요.

만약 이 엄청난 양의 자료를 이어받은 사람이 나타나지 않고 브라헤가 사망했다면 어떻게 되었을까요? 브라헤의 만년에 우연히 나타난 케플러는 인류의 역사를 바꾼 운명적인 인물이었던 셈입니다. 운명 이야기가 나와서 하는 말인데 케플러는 원래 신성로마제국 황제 루돌프 2세의 황실에 고용된 점성술사였습니다. 그 시절은 과학과 점술이 공존했던 시대였죠.

만유인력 법칙이라고 하면 누구나 '사과'를 떠올립니다. 뉴턴이 떨어지는 사과를 보고 만유인력을 발견했다는 일화 때문이죠. 그런데 만약 사과가 아니라 꽃병이나 비둘기 똥이라든지 다른 과일이었으면 어땠을까요? 이 일화가 진짜인지는 알 수 없지만 저는 사과야말로 딱 어울린다고 생각합니다. 사과는 종교적으로도 원죄의 상징이라 여겨지니까요.

소설 『다 빈치 코드』에 그리스도의 후예가 살아 있다는 흔적을 찾으려고 〈모나리자〉에 숨겨진 암호를 푸는 내용이 나오는데, 여기서 암호가 바로 '사과(apple)'이듯이요.

№ 8

인터스텔라를 만들어낸 수식
측지선 방정식

　　　　　우주를 지배하는 아인슈타인 방정식이 무대 설정을 하는 '중력장 방정식'이라면, 그 무대에서 춤추는 물체의 '운동 방정식'은 측지선 방정식입니다. 앞서 등장한 '푸아송 방정식'이라는 무대에서 '뉴턴의 운동 방정식'이 춤추는 것과 같은 구조이죠. 좀 더 풀어 설명하면 측지선(測地線, geodesic line)이란 곡면 위의 두 점을 가장 짧은 거리로 연결한 곡선을 뜻합니다. 예를 들어 고무로 된 천 위에 무거운 공을 놓고 살짝 굴린다고 상상해보세요. 공의 무게 때문에 공이 있는 곳이 마치 도랑처럼 움푹 파이고, 공은 스스로는 곧게 가고 있다고 느끼지만 휘어진 천 위에서는 곡선을 그리며 움직입니다. 마치 땅을 측정하듯이 움직이겠죠. 이때 물체가 가장 자연스럽게 따라가는 길이 바로 측지선입니다.

상상이 아니라 실제로 계산된 영화 장면

이 측지선 방정식은 블랙홀을 상상한 식이기도 합니다. 영화 〈인터스텔라〉를 본 사람이라면, 영화 속 거대한 블랙홀 '가르강튀아'를 떠올려보십시오. 그 모습은 상상이 아니라 실제 물리법칙을 바탕으로 계산된 장면입니다. 이 작업을 담당한 사람이 바로 노벨상을 수상한 물리학자 킵 손입니다.

그는 단순히 그럴듯한 그림을 만든 것이 아니라, 빛이 블랙홀 주변에서 어떻게 휘어지는지를 측지선 방정식을 이용해 실제로 계산했습니다. 덕분에 우리가 영화 속에서 본 블랙홀의 모습은 몇 년 뒤 실제 블랙홀 사진이 공개됐을 때와 놀라울 정도로 유사했죠. 발견하기 전에 구현하다니, 이 수식이 궁금해지지 않나요? 이제 측지선 방정식을 본격적으로 들여다봅시다.

$$\frac{d^2 x^\mu}{d\tau^2} = -\Gamma^\mu_{\alpha\beta} \frac{dx^\alpha}{d\tau} \frac{dx^\beta}{d\tau}$$

측지선 방정식

여기서 대문자 Γ는 '감마'라 읽습니다. 이 방정식은 물체가 시공간의 휘어진 정도에 따라 자연스럽게 움직인다는 것을 의미합니다. 좌변은 가속도를 나타내고, 뉴턴 운동 방정식에서 힘이 하던 역할을 여기서는 우변이 담당합니다.

우리는 보통 어떤 물체가 움직이려면 힘이 필요하다고 생각하지만, 이 방정식에서는 힘 대신 '시공간의 휘어짐'이 물체의 움직임을 결정합니다. [이 힘은 대문자 Γ로 나타내는데 시공간의 모양(메트릭)이 주어지면, 그 미분을 통해 Γ를 얻고, Γ를 통해 물체의 경로(운동 방정식)를 알 수 있는 구조라는 의미입니다. ─ 감수자 해설]

이 수식에서 시공간으로 '우주'를 선택하면 우주를 날아가는 빛의 운동을 구할 수 있고, '블랙홀'을 선택하면 블랙홀 주위의 별과 가스의 운동을 알 수 있습니다. 한마디로 뉴턴 운동 방정식

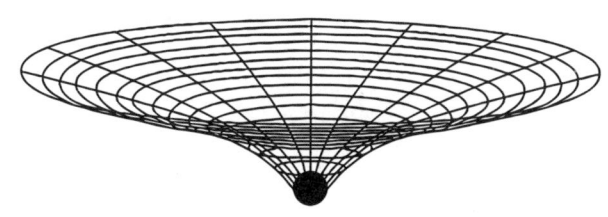

블랙홀 주변의 휘어진 시공간

의 일반상대성 이론 버전이라 할 수 있죠. 수식을 보면 시간의 표기가 t가 아닌 τ(타우)로 되어 있는데요. 이것은 아핀 파라미터(affine parameter)라는 조금 특수한 시간인데 깊게 신경 쓰지 않아도 됩니다.

이 수식의 핵심 매력은 우변 Γ에 있습니다. 중력이 강할 때에는 설정한 시공간의 영향이 여기에 힘으로 나타납니다. 중력이 약할 때에는 앞의 뉴턴 운동 방정식과 같아집니다. 또한 중력이 작용하지 않을 때는 이 값이 제로가 되어, 물체는 아무런 힘도 받지 않는 상태가 됩니다.

이것이야말로 아인슈타인 인생 최고의 아이디어라 불리는 '등가 원리' 그 자체입니다. 즉, 자유 낙하하는 물체에서는 국소적으로 중력을 없앨 수 있어 Γ=0이 됩니다. 바로 특수상대성 이론의 세계를 뜻하죠. $\frac{dv}{dt}$은 가속도가 없으므로 물체는 일정한 속도로 움직인다는 뜻입니다. 특수상대성 이론은 기본적으로 광속도로 달리는 물체가 보는 세계를 기술하는 이론이지만, 정확히는 꼭 광속이 아니라도 등속도 운동을 하면 같은 원리가 적용됩니다.

블랙홀은 왜 밝은 고리처럼 보이는가

시공간이라는 용어를 빌자면 힘이 작용하지 않는 시공간을

'평탄 시공간'이라 합니다. 평탄 시공간은 3부에서 등장하는 민코프스키 시공과 같은 개념인데, 쉽게 말하면 맨땅처럼 아무것도 없는 무대입니다. 한번 미끄러지기 시작하면 멈추지 않는 아이스 스케이트장 같은 이미지죠.

이렇게 쭉 미끄러지는 성질이 측지선의 이미지에 가깝습니다. 즉, 휘어진 시공간에서 구불구불한 천 같은 무대 위를 스르륵 미끄러지는 물체는 이 측지선 방정식을 따르는 것입니다. 어려운 말은 접어두고, 어쨌든 아인슈타인이 인생에서 가장 흥분했던 순간이 Γ가 없어졌던 때라는 것만 기억하면 충분합니다.

이 수식을 이용하면 앞서 말한 블랙홀이 실제로 어떻게 보이는지 알 수 있습니다. 빛도 빠져나갈 수 없는 블랙홀을 '직접 보는' 일은 불가능하지만, 그 주위를 도는 별이 파괴되거나 지나가는 빛이 휘어지는 현상 때문에 블랙홀 주변이 밝은 고리처럼 보일 수 있습니다. 새카만 물체의 모습을 보기 위해서 물체 표면에 등불을 비춘다고 생각하시면 좋습니다. 그처럼 빛이 블랙홀 표면을 따라가며 새카만 형태의 윤곽이 선명해지는 이미지를 떠올리면 됩니다.

2019년에 공개된 블랙홀 사진을 찾아 보세요. 사진 속 빛의 모습은 측지선 방정식으로 계산해서 구한 것입니다. 이를 통해 다양한 빛 선에 대한 측지선 방정식을 실제로 계산해서 고리의 모습을 제대로 연출했습니다.

$\Delta x \cdot \Delta p$

2
소립자의 수식

$$\geq \frac{h}{4\pi}$$

"진실은 복잡함이나 혼란 속에 있지 않고 언제나 단순함 속에서 찾을 수 있다."
— 아이작 뉴턴

№ 1

마이크로 세계의 집합체

표준 모형 수식

    소립자란 더 이상 쪼개질 수 없는 물질의 근원적인 입자입니다. 오랫동안 원자는 이 세상에 존재하는 가장 기본 구성 입자로 여겨졌습니다. 그러던 중 원자도 원자핵을 구성하는 양성자와 중성자 및 원자핵 주위를 도는 전자 등 더 작은 입자로 구성된다는 사실이 밝혀졌습니다. 오늘날 우리는 양성자와 중성자조차도 더 작은 입자로 쪼갤 수 있다는 것을 알고 있습니다.

  소립자와 관련된 수식에는 자연의 수많은 현상을 하나의 수식으로 정리한 천재들의 빛나는 업적과 그 과정을 담은 드라마가 넘쳐납니다. 원자와 분자, 쿼크와 전자라 불리는 소립자를 지배하는 세계, 바로 양자역학이죠.

  이제부터 살펴볼 수식들은 우리 일상과 전혀 다른 이상한 양자역학의 세계를 무대로 합니다. 수식은 그것을 만든 과학자조차도 그 의미를 모를 때가 있습니다. 후대에 가서야 수식의 진짜 의미를 알아채는 사람이 나타나기도 하죠. 또한 누군가 새로운 발견을 해서 이전엔 없던 새로운 존재감을 드러내는 경우도 있습니다. 소립자의 세계에서는 그런 일들이 허다합니다.

우주와 함께 태어난 소립자

소립자는 우주의 탄생에 결정적인 역할을 했습니다. 빅뱅이라는 불덩어리 상태는 급격한 팽창을 통해 공간이 넓어졌는데, 이 과정에서 소립자들이 동시에 생겨났습니다. 소립자는 쿼크(quark)나 전자 등 페르미온(fermion)이라 총칭되는 입자를 뜻합니다. [페르미온은 물질을 이루는 입자로, 전자, 쿼크, 양성자, 중성자, 중성미자 같은 입자들이 모두 페르미온입니다. 스핀(spin)은 1/2, 3/2, 5/2 등 반정수(half-integer)인 입자를 말합니다. — 감수자 해설]

여기서 통칭 신의 입자라 불리는 '힉스 입자(Higgs boson)'가 등장합니다. 힉스 입자는 모든 소립자에 질량을 주기 때문에 과학자들은 '신의 입자'라 부릅니다. 페르미온은 질량이 없지만 힉스 입장에 의해 질량을 얻습니다.

빅뱅 이후 천천히 우주의 온도가 내려가고, 쿼크 3개가 한 덩

어리가 되어 양성자와 중성자를 만들기 시작합니다. 이때 강력과 약력이 활약합니다. 우주에서 가장 지배적인 힘은 중력이라고 했습니다. 하지만 중력은 물질이 천체만큼 거대해져야 힘을 발휘하기 때문에, 우주가 생성되는 극초기에는 오히려 양자역학적인 강력과 약력의 힘이 강했습니다.

양성자, 전자, 광자가 서로 얽힌 상태에서 드디어 광자만 분리되어 우주 공간에 확 퍼집니다. 이것이 바로 우주론에서 가장 중요한 관측 현상 중 하나인 '우주 배경 복사(Cosmic Background Radiation)'입니다.

우주 배경 복사는 우주에 존재하는 모든 종류의 전자기파가 총체적으로 누적되어 전 하늘에 비교적 매끄럽게 관찰되는 것으로, 이 순간을 통칭 '맑게 갠 우주'라고도 합니다. 완전히 캄캄했던 우주의 모든 공간이 빛으로 넘치는 순간이죠.

그때 만들어진 수소, 헬륨과 같은 혼합 가스가 중력으로 뭉쳐져 스스로 빛나는 별이 탄생했습니다. 질량이 태양의 3배 이상 무거운 별은 탄소보다 뒷번호의 원소를 만들기 시작합니다. 주기율표의 순서에 따라 우주는 원소를 생성해가는 거죠. 이리하여 원자가 형성되고, 원자끼리 결합하여 분자도 생겨났습니다.

인간의 신체도 분해하여 들어가면 모두 주기율표의 원소로 돌아갑니다. 그러니 이러한 마이크로의 세계는 우리와 떼려야 뗄 수 없는 관계입니다. 이러한 입자들은 어떻게 상호 작용을 하고 있을까요? 그 작동을 하나의 이론으로 정립할 수 있을까요?

② 소립자의 수식

그것을 정립하는 게 과학자가 하는 일이고, 그것을 기어이 기호로 표현해내는 것이 수식입니다. 바로 표준모형과 표준모형 수식입니다.

$$-g_1 \bar{\psi} \not{B} \psi - \frac{1}{4} B^{\mu\nu} B_{\mu\nu} - g_2 \bar{\psi} \not{G} \psi - \frac{1}{4} G^{\mu\nu} G_{\mu\nu}$$

전자기력 　　　　　　　강력

$$-g_3 \bar{\psi} \not{W} \psi - \frac{1}{4} W^{\mu\nu} W_{\mu\nu} + \frac{1}{16\pi G}(R - \Lambda)$$

약력 　　　　　　　중력

표준모형 수식

아주 단순화해서 말하면 우주는 17개의 기본 입자들과 4개의 기본 상호 작용으로 작동하고 있습니다. 이것이 표준모형 이론입니다. 현재 정확하게 증명하지 못한 중력을 제외하고 이 이론으로 모든 물질의 작용이 설명 가능합니다.

여기에서 상호 작용은 자연에 존재하는 힘을 말하는데, 앞에서도 말했듯이 자연에 존재하는 힘은 모두 네 가지로 전자기력, 강력, 약력, 중력입니다. 표준모형은 이 중 중력을 제외한 세 가지 힘을 통합해 서술합니다.

이를 수식으로 표현한 표준모형 수식의 모양을 보면 첫 번째부터 세 번째까지의 힘과 마지막 중력이 크게 다른 걸 확인할 수 있습니다. 전자기력, 강력, 약력에 더해 마지막 중력 부분은 아인슈타인 방정식이 됩니다. 표준모형 수식은 자연을 설명하는 여러 이론들의 퍼즐 중에서 가장 거대한 퍼즐 조각입니다.

양자론의 기본, 플랑크 상수

표준모형에 대한 이해를 시작으로 양자의 세계를 다룰 텐데요. 여기에서 양자론에서 가장 중요한 개념을 먼저 이해하고 가겠습니다. 바로 h라는 문자로 쓰이는 '플랑크 상수'입니다. 양자역학의 기본 상수인 플랑크 상수는 에너지와 관련된 중요한 상수로 단위는 $J \cdot s$를 사용합니다.

플랑크 상수를 처음 제창한 사람은 독일의 막스 플랑크(Max Planck)입니다. 학자 이름의 머리글자를 따는 경우가 많은데 플랑크 상수 h에는 플랑크의 이니셜 p가 들어 있지 않습니다. 왜 p가 아닌 h를 썼을까요?

② 소립자의 수식

플랑크는 1900년 빛의 흑체복사(black body radiation)에 관한 논문에서 어떤 가설을 소개했습니다. 빛 에너지의 최소 단위가 있다는 가설이었죠. 플랑크는 그 양을 표기하기 위한 새로운 기호가 필요해졌습니다. 새 개념의 명칭으로 'Hilfsgröße(hilfs=보조, größe=크기, 양)'의 머리글자를 딴 h를 사용했습니다. 여기에서 플랑크 상수의 h가 결정된 것입니다. 플랑크가 사용했던 기호의 머리글자가 남은 것이지요.

플랑크는 당대의 난제를 해결하기 위해 플랑크 상수를 설정했습니다. 특정한 온도의 열을 가진 물체는 전자기파를 방출합니다. 따뜻한 체온을 가진 동물이나 사람의 몸에서 적외선이 나오는 현상이 이런 것이죠.

문제는 고전 물리학에서는 짧은 파장대에서 무한히 큰 에너지가 방출될 것으로 예견했는데, 실제로는 에너지가 급속하게 줄어드는 현상이 관찰되는 것입니다. 이러한 문제를 해결하기 위해 몇몇 물리학자들이 매달렸습니다. 막스 플랑크는 고전 물리학에서의 파동과 달리 파장에 반비례하는 최소 에너지가 있으며, 전체 에너지는 이 최소 에너지의 1배수로만 존재한다는 가설을 세웁니다. '에너지는 주파수에 비례한다'는 것으로, 이는 에너지가 양자화되어 있음을 뜻합니다.

이렇게 파장과 에너지를 연결하는 가설에서 도입하는 것이 바로 상수 h이고, 이것이 양자론의 발단이 되었습니다. 앞에서 중력의 세계는 물리 상수 G가 중력의 크기를 결정했죠. 마찬가지로 원자·분자의 마이크로 세계에서는 이 h가 양자론을 좌지우지할 만큼 중요합니다. 플랑크 상수는 처음에는 이론을 구성하기 위해 임시로 사용한 보조 역할이었지만, 훗날 아무도 예상하지 못했던 진실한 자연의 모습을 보여준 상수입니다.

"당신이 양자역할을 이해했다고 생각된다면,
당신은 그것을 이해하지 못한 것이다."
— 리처드 파인먼

№ 2
두 장소에 동시에 존재할 수 있다
불확정성의 원리

        양자물리학의 세계로 들어갔을 때 꼭 마주하게 되는 사람이 독일의 물리학자 베르너 하이젠베르크(Werner Heisenberg)입니다. 1927년 하이젠베르크는 불확정성 원리를 발견합니다. 그는 이 원리를 통해 양자역학의 성립에 공헌한 공로로 1932년 31세라는 젊은 나이에 노벨 물리학상을 받았습니다. 이어 다음 해에는 에르빈 슈뢰딩거(Erwin Schrödinger)와 폴 디랙(Paul Dirac)이 노벨 물리학상을 받았습니다.

  양자론은 여러 명의 과학자들이 세웠는데, 만약 창시자를 한 명만 꼽으라고 하면 하이젠베르크일 겁니다. 양자론 탄생의 아버지라고 할 수 있죠. 그는 불확정성 원리의 수식을 발견했을 때의 흥분을 다음과 같이 말했습니다.

  "새벽 3시였다. 양자역학이 탄생한 수식을 푼 나는 떨리는 마음을 진정할 수 없었다. 다시 잠들 수도 없어 나는 밖에 나가 산 위로 떠오르는 아침 해를 바라보았다." 그날 그가 본 것은 어제와 똑같은 새벽빛이 아니라 인류가 처음 본 새로운 세계의 새벽빛이었을 겁니다.

양자론의 기묘함을 설명하다

불확정성의 원리란 '어떤 입자의 위치와 운동량은 일정 수준 이상으로는 동시에 측정할 수 없다'는 것입니다. 쉽게 말하면 어떤 입자가 있는 장소가 확실하지 않거나 동시에 두 장소에 존재할 수 있다는 기묘한 상황이 있을 수 있다는 뜻이죠. 이를 수식으로 나타내면 다음과 같습니다.

$$\Delta x \cdot \Delta p \geq \frac{h}{4\pi}$$

불확정성의 원리

여기에서 Δ는 '델타'라고 읽습니다. 델타는 각 관측량의 움직임을 나타냅니다. x는 위치, p는 운동량입니다. 이 수식을 문장으로 말하면 '정해지지 않은 위치와 정해지지 않은 운동량을 곱하면, 플랑크 상수 h보다 커진다'는 것입니다. 물리 상수 h는 앞서 등장한 양자론에서 가장 중요한 캐릭터인 플랑크 상수입니다. 이것은 위치 x와 운동량 p를 동시에 알 수 없다는 것을 말합니다. 우리의 직관과 완전히 다른 양자 세계의 근본적인 원리입니다.

그전까지 고전역학에서는 어떤 입자의 위치와 속도를 각각 결정할 수 있었습니다. 예를 들어 어느 시각에 위치 $x=5$, 속도 $v=3m/s$처럼 정할 수 있었습니다.

그러나 소립자의 세계에서는 그렇지 않습니다. 같은 상황에서도 어느 시각에 입자의 위치는 $x=5$의 주위에서 요동치고, 속도도 $v=3m/s$의 주변에서 왔다 갔다 합니다. 만약 위치를 $x=5$로 정하려 하면 속도가 마구 바뀌어 속도 값을 정할 수 없게 됩니다. 이러한 움직임의 곱은 반드시 플랑크 상수 이상으로 설정합니다. 즉, 이 수식에서 플랑크 상수는 어떤 현상을 관측해서 물리량을 결정할 때 일종의 경계와 같은 역할을 하는 것입니다.

불확정성의 원리는 다른 버전으로 변용이 가능합니다. 다음과 같은 수식이 있습니다.

a식

$$[\hat{x}, \hat{p}] = i\frac{h}{2\pi}$$

교환관계

b식

$$\Delta E \cdot \Delta t \geq \frac{h}{4\pi}$$

에너지   시간

불확정성의 원리 a식, b식

불확정성의 원리

이 수식은 에너지 E와 시간 t가 얽혀 있습니다. 소립자에는 에너지가 음이 되는 입자가 있습니다. 그 입자는 반대 방향의 시간으로 나아갑니다. 즉 시간 역행을 의미하는 입자라서 정말 기묘한 존재입니다.

이뿐만 아니라 불확정성 원리에서 소립자가 동시에 두 장소에 존재할 수 있다는 사실도 밝혀졌습니다. 우리가 경험하는 세계에서는 한 사람이 어느 시각에 서울에 있으면 동시에 뉴욕에 있을 수 없습니다. 그러므로 범행을 저질렀을 때 장소와 시간에 따라 알리바이가 성립하게 됩니다. 그러나 소립자의 세계에서는 두 곳에 동시에 존재할 수 있으니 알리바이를 입증할 수 없게 되는 거죠.

양자론에서는 '동시에 두 장소에 존재함' 외에도 '벽 통과'와 '순간이동'처럼 마치 SF 영화 같은 현상이 많이 등장합니다. 모두 따지고 보면 위치의 불확정성에서 비롯되는 현상입니다. 불확정성의 원리는 바로 이 현상을 규명하고 설명한 것입니다.

양자역학과 불확정성의 원리를 제대로 설명하려면 엄청난 분량이 필요합니다. 여기에서는 간략하게 시소와 유사한 형태로 이 원리를 쉽게 설명하겠습니다. 시소의 한쪽에 '시간·위치', 다른 한쪽에 '속도(혹은 운동량)'가 있다고 하면, 양쪽은 '정해지는가 정해지지 않는가'를 결정하는 시소를 타고 있는 것입니다.

불확정성 관계
어느 쪽이 정해지면 다른 쪽은 정해지지 않는다

양자론의 중요 포인트는 '운동량'이 기존에는 존재하지 않던 의미로 사용된다는 점입니다. 결국 양자역학은 '물리량의 본질이 무엇인가'라고 묻고 있습니다. 참 어려운 문제입니다. 물론 논리적으로는 설명이 가능합니다만 '도대체 자연이 왜 이런 수식대로 움직이는 걸까?'라는 질문 앞에 서면, 답을 하기가 어렵습니다.

양자역학을 우리는 물리학의 세계라 생각하지만 사실은 화학 분야에서 더 많이 사용합니다. 화학과에는 불확정성 원리에서 시작하는 양자역학 교과서가 많습니다. 양자역학을 배운 화학자는 신약 개발 등을 담당합니다. 오늘날 현대 화학 분야에서 양자역학은 필수입니다.

"수학을 공부하지 않은 대부분 사람들에게는 믿을 수 없는 일들이 있다."
— 아르키메데스(Archimedes)

№ 3

모든 물질은 입자이자 파동이다

드 브로이 방정식

 양자론의 세계에서 정말 유명한 말이 있습니다. 바로 "입자는 동시에 파동이다"라는 것입니다. 이 유명한 명제를 세상에 알린 수식이 바로 '드 브로이 방정식'입니다. 예전에는 파동은 빛이나 물 같은 특수한 물질이 지닌 한정된 성질이라 여겨졌습니다. 또한 전자는 단지 입자일 뿐이라 여겨졌죠. 뉴턴 역학에 등장하는 입자가 설마 파동의 성질도 함께 갖고 있으리라고는 누구도 생각하지 못했습니다. 그러나 이 방정식 덕분에 전자는 입자이면서 파동의 성질도 갖는다는 사실이 알려졌습니다.

 드 브로이 방정식의 주인공, 물리학자 루이 드 브로이(Louis de Broglie)는 귀족 명문가에서 태어났습니다. 프랑스 총리와 같은 유명인사 등을 배출한 명문가 출신입니다. 그는 가문의 이름에

부끄럽지 않은 인물이었습니다. 드 브로이는 제1차 세계대전에 참전했을 때 무전 통신기사로 에펠탑에 근무했다고 합니다. 당시 그의 사진을 보면 표정과 자세에서 귀족다운 우아한 분위기가 느껴집니다. 어쩌면 전쟁 중에도 가끔 여유롭게 에펠탑에서 파리 거리를 내려다보지 않았을까 싶습니다.

1905년 아인슈타인이 '광전 효과(Photoelectric effect)'를 발표했습니다. 광전 효과는 빛이 파동과 입자의 성질을 둘 다 가지고 있음을 나타내는 현상으로, 드 브로이는 이 현상을 접하고 자신의 수식을 생각해냅니다. 이후 드 브로이가 이 수식을 박사 논문으로 발표하기 직전, 1923년에 '콤프턴 효과(Compton effect)'가 발표됐습니다. 미국의 물리학자 아서 콤프턴(Arthur Compton)이 실험하던 중 발견한 현상입니다.

역발상이 발견해낸 새로운 세상

이 현상은 빛이 전자와 부딪힐 때 일어나는데, 빛이 공처럼 전자와 충돌하고 이로 인해 빛의 파장이 길어지고, 에너지가 줄어듭니다. 빛이 전자와 '탁구'를 치는 것 같지요. 이 현상이 왜 중요할까요. 바로 빛이 입자의 성질을 가지고 있어 그렇습니다. 이전까지 빛이 파동인지 입자인지에 대한 논쟁이 있었는데, 이 현상은 빛이(특히 X선과 같을 때) 입자처럼 움직일 수 있다는 것을 보여줬죠. 콤프턴은 이를 보고 빛을 '광자'라는 입자라 생각합니다. 드 브로이는 '이 현상과 반대로 전자 같은 물질에도 파동성이 있다면?'이라는 역발상을 하지요. 이 발상으로 인해 후일 슈뢰딩거 '파동 역학'의 막이 오른 것입니다.

드 브로이의 방정식은 다음과 같습니다. 이 수식은 '파동과 입자의 이중성'을 단 세 글자로 나타내고 있습니다. 고작 세 글자로 이루어졌지만 세상을 180도 바꾼 수식이죠.

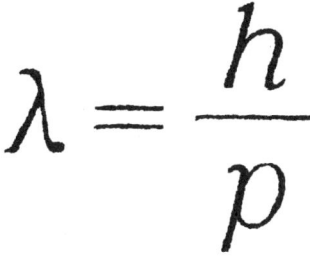

드 브로이 방정식

λ(람다)는 파동의 특징인 파장, p는 입자의 특징인 운동량입니다. 이 식은 모든 물질은 '운동량 p가 파장 λ의 파동으로 변환된다'는 의미입니다. 여기서 말하는 변환도 양자론의 중요 캐릭터인 플랑크 상수 h가 정합니다.

이 수식은 파동과 입자의 이중성보다 더 심오한 사실을 말해주고 있습니다. '운동량을 가진 모든 물체는 반드시 파동의 성질을 지닌다'는 것입니다. 전자나 일부 특별한 입자에만 파동의 성질이 있는 게 아니라 '모든 물체'가 대상이라는 사실이 이 수식의 커다란 규모를 알려줍니다.

드 브로이 수식은 매우 간단해서 각각의 단위를 알면 고등학생이라도 유도할 수 있습니다. 하지만 이렇게 단순한 관계식이 자연의 진리라 믿기는 힘듭니다. 물질에서 파동이 나온다니 그게 말이 된다고 생각되십니까. '아니, 그럼 내 몸에서 물질파가 나온다고?'라는 망상이 저절로 드니까요.

드 브로이는 1924년 소르본대학교에 이 내용을 박사 논문으로 제출했습니다. 당시 심사위원도 논문의 진의가 전혀 이해되지 않아 아인슈타인에게 의견을 물었습니다. 아인슈타인은 "이 청년은 박사 학위는커녕 노벨상을 받아야 한다"고 간결한 회신을 보내왔습니다. 그의 예언대로 5년 후인 1929년에 드 브로이는 노벨 물리학상을 수상합니다.

간단하지만 대범한 매력

드 브로이가 이 수식을 발견했을 당시, 이미 빛과 같은 몇 가지 물질이 파동성과 입자성을 모두 가지고 있다는 사실은 알려져 있었습니다. 드 브로이의 과감함은 '모든 물질에 해당된다면?'이라고 생각한 데 있지요. 보통 사람이라면 '일부 그와 같은 현상이 있구나'라고 지나갔을 텐데 말입니다.

양자역학에 대해 조금 더 구체적으로 살펴보겠습니다. 중고등학교 화학 교과서에 보면 수소 원자의 모형이 나옵니다. 원자 안에는 원자의 중심인 원자핵과 원자핵 주변을 도는 전자가 있습니다. 전자는 마치 레일 위를 도는 기차같습니다. 이를 입자와 파동의 이중성으로 업그레이드하면 뿌연 원 모양 그림처럼 됩니다. 이때 전자는 파동으로 원자핵 주위에 마치 안개가 낀 것처럼 어렴풋이 퍼진 상태로 존재합니다.

보통 전자는 '파동처럼 위아래로 움직이며 원운동을 할 뿐'이라고 오해되기 쉽습니다. 오해일 뿐입니다. 하나의 입자는 동시에 다른 장소에도 존재하여 뒤에 나오는 구름 모양의 그림처럼 '평평하게 퍼져 있는 상태'입니다. 이것이 언어로 표현할 수 있는 원자핵 주위 전자의 양자론적 모습입니다. 그리고 구름같이 몽롱한 곳의 한 지점을 관측하면 단숨에 구름이 걷히고 어떤 장소에 하나의 전자가 입자로서 드러나게 되죠. 두 그림을 합치면 처음으로 진짜 전자의 모습이 시각화됩니다.

수소 원자 모형

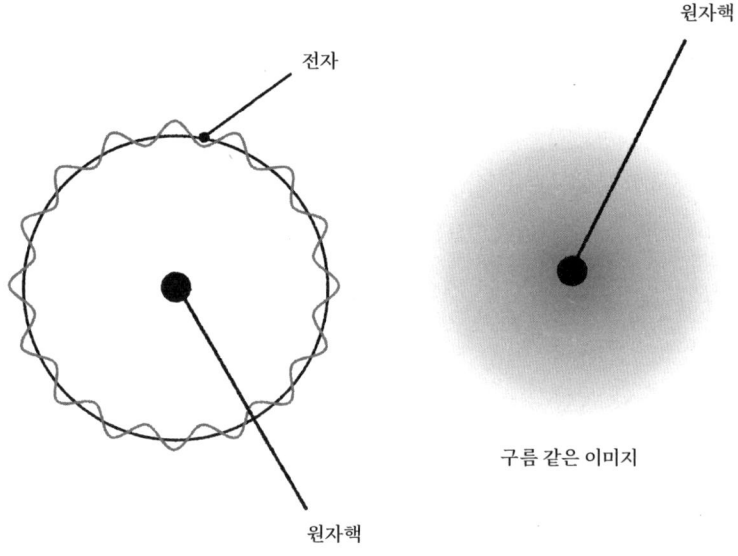

양자역학을 이용한 대표적인 미래 기술이 '양자 컴퓨터'와 '양자 텔레포테이션'입니다. 만약 이 기술을 진짜 쓸 수 있는 날이 온다면 모두 드 브로이 수식 덕분일 것입니다. 두 기술의 원리에는 물질이 입자성뿐 아니라 파동성을 동시에 갖고 있다는 성질이 관련되어 있습니다. 양자 텔레포테이션이 가능해지면 SF 영화에 등장하는 전송 장치도 더 이상 꿈이 아닐지 모르죠. 하지만 현실은 아직 원자 정도의 물질만 전송할 수 있는 수준입니다.

얼마 전 미국항공우주국(NASA)에서 양자 전송 기술에 도전해 광자를 40km 떨어진 곳으로 전송했다는 뉴스도 있었습니다. 이러한 양자 기술이 가까운 미래에 우리 생활을 극적으로 바꿀 날이 올 수도 있습니다. 정말 실현된다면 SF 영화 같은 세계에 살게 될지도 모릅니다.

"모순된다고 해서 오류인 것은 아니며,
모순되지 않는다고 해서 참인 것도 아니다."

— 블레즈 파스칼(Blaise Pascal)

№ 4
고양이처럼 매력적인 수식
슈뢰딩거 방정식

양자역학은 몰라도 슈뢰딩거의 고양이는 많이 들어보셨을 겁니다. 슈뢰딩거 방정식은 양자론의 중심축이 되는 수식입니다. 슈뢰딩거의 고양이는 사고 실험 중 하나입니다. 독가스가 나올 확률이 50퍼센트인 상자에 고양이를 넣는다면, 고양이의 생사는 관측할 때까지 정해지지 않습니다.

다양한 재능을 가진 과학자

에르빈 슈뢰딩거(Erwin Schrödinger)는 오스트리아 빈 출신의 물리학자입니다. 그가 파동 역학이라는 이름으로 슈뢰딩거 방정식을 발표했을 때는 1926년경입니다. 당시는 양자역학의 여명기로 많은 물리학자가 이 기초 방정식을 완벽한 형태로 재현하는 일에 몰두했습니다. '새로운 물리의 문이 열린다!' 같은 기운이 여기저기서 솟아올랐던 때입니다. 그중 한 사람이었던 하이젠베르크도 행렬 역학으로 그 문을 밀어젖혔습니다.

훗날 슈뢰딩거에 의해 하이젠베르크의 행렬 역학도 슈뢰딩거의 방정식과 수학적으로 같다는 사실이 밝혀집니다. 슈뢰딩거는 1933년 노벨 물리학상을 수상합니다. 하이젠베르크, 슈뢰딩거, 디랙 등의 학자들이 이 시대를 열었습니다.

슈뢰딩거 이전에 초창기 양자역학에 뛰어든 과학자는 닐스 보어(Niels Bohr)입니다. 그는 어니스트 러더퍼드(Ernest Rutherford)의 원자 모형에 결점이 있다는 걸 간파한 후, 보어의 원자 모형을 고안해 1922년에 노벨상을 받았습니다.

고등학교 화학 교과서에도 나오는 보어의 원자 모형은 조금 문제가 있다고 알려졌으나 결과는 우연히도 맞는 놀라운 모형입니다.

[고전 모델에 따르면 원자핵 주변을 원형으로 움직이는 전자들은 원자핵 주변에서 가속 운동을 합니다. 이렇게 가속 운동을 하는 전자들은 사방으로 빛, 전자기파 형태로 에너지를 방출하면서 에너지를 잃어야 합니다. 결국 서서히 에너지를 잃게 되면, 어느 순간 아주 순식간에 안쪽에 있는 원자핵 쪽으로 추락해야 하는 문제가 생깁니다. 하지만 우주에서 그 어떤 원자도 저절로 붕괴하고 소멸하는 일은 벌어지지 않습니다.

이 모순을 해결하기 위해 보어는 하나의 가정을 하게 되는데, 전자가 어떤 정해진 궤도 안에서 계속 안정적으로 돌 수 있다는 것입니다. 그 궤도에만 놓여 있다면 전자는 더 이상 추가로 에너지를 잃거나 얻지 않고 계속 일정한 에너지를 유지하면서 궤도를 유지할 거라 가정했습니다. - 감수자 해설]

여담으로 보어의 아들 오게 닐스 보어(Aage Niels Bohr)도 물리학의 길을 걸어 1975년에 노벨상을 수상했습니다. 대단한 부자입니다. 보어의 원자 모형은 전자기학의 맥스웰 방정식과 연결됩니다. 보어는 플랑크 상수 h를 이용해 수소의 원자 모형을 제안했습니다. 그리고 보어 모델을 기초로 두 명의 천재, 슈뢰딩거와 디랙이 깔끔한 방정식을 만들어 양자역학이 탄생했습니다.

슈뢰딩거는 다재다능한 사람이었습니다. 미남은 아니지만 매혹적인 외모의 소유자였습니다. 물리학 외에 문학, 철학에도 관심이 많았습니다. 힌두교의 베단타 철학에서도 큰 영향을 받아 양자역학의 기본은 동양 철학의 원리가 바탕이 된다고 설명했습니다. 그의 여러 학문을 넘나드는 호기심은 저서 『생명이란 무엇인가』에서 잘 드러납니다. 그는 이 책에서 생물과 물리의 두 세계를 연결했습니다. 여담이지만 사실 슈뢰딩거는 논란이 많은 사생활로도 유명합니다. 부인이 있었지만 자유로운 연애를 했던 인물이기도 했죠.

모든 것은 확률적으로 결정될 뿐이다

본격적으로 슈뢰딩거 방정식을 살펴보겠습니다.

슈뢰딩거의 방정식은 형태는 조금 다르지만 파동 방정식의 성질도 있어 '파동 함수'라고도 불립니다. 사실 슈뢰딩거 본인도 이 수식에서 양자역학이라는 새로운 물리학의 막이 오르리라곤 생각하지 못했을 텐데요. 드 브로이의 물질파 이론에 영향을 받은 그는 파동 역학이라는 새 역학을 정의하기 위해 수식을 생각해냈습니다. 그것이 바로 원자처럼 작은 소립자인, 이른바 양자의 세계로 내딛은 첫걸음이었죠.

지금 와서 자연계를 되돌아보면 모든 현상은 뉴턴 등의 고전론이 설명해주는 게 절반이고 나머지 절반은 양자론으로 설명 가능합니다. 이 기묘한 양자론의 세계가 진짜 자연의 정체를 다소 깨닫게 해준 셈이죠.

이 수식을 보면 눈에 띄는 게 있을 겁니다. 지금까지 설명했던 플랑크 상수 h입니다. 플랑크 상수에 의해 에너지는 불연속적인 값을 취합니다. 또한 입자의 위치는 정확히 알 수 없는 양자론의 세계가 만들어집니다.

수식의 우변부터 살펴봅시다. 우변의 괄호 안 전체는 에너지를 나타냅니다. 소립자라는 아주 작은 물체가 다음 시각에 어떻게 행동할지를 결정하는 수식입니다. 수식의 좌변은 시간의 변화를 나타냅니다. 즉, 다음 시각에 ψ(프사이)가 어떻게 변하는지

$$i\frac{h}{2\pi}\frac{\partial}{\partial t}\psi =$$

$$\left[-\frac{h^2}{8\pi^2 m}\nabla^2 + V\right]\psi$$

슈뢰딩거 방정식

② 소립자의 수식

를 말하고 있습니다.

ψ는 파동 함수라 불리는데 슈뢰딩거 방정식은 이것이 도대체 무엇인지 말해주지 않습니다. 시간의 발전을 나타내는 것치고는 기묘하게 허수 i도 곱해져 있어 ψ는 실수조차 아닙니다.

즉, 이 방정식에 의하면 물체가 다음 시각에 어디에 있을지 확정할 방법이 없습니다. 어디까지나 '몇 퍼센트의 확률로 여기에 있을 가능성이 있다'라고밖에 예측할 수 없습니다. 확률론적으로 미래가 정해지는 방정식입니다. 우리의 일상 세계의 차원에서 생각하면 이 확률론적 미래가 이해가 될 것 같기도 합니다. 변할 여지가 있는, 그러나 결정할 수 있는 의지가 개입하니까요. 그러나 양자론의 확률론적 사고는 그 차원이 아닙니다. 전자나 원자같이 의사가 없는 물체를 대상으로 하는 사고이고, 이것이 바로 자연의 본질이라고 말하고 있는 것입니다.

확률론적 존재란 아까 말한 '슈뢰딩거의 고양이' 사고 실험 속 고양이처럼 '50퍼센트는 죽어 있기도 하고 50퍼센트는 살아 있기도 한' 기이한 상태의 존재입니다. 사실 이 방정식을 통해 우리가 양자론의 참모습을 완전히 이해하기란 어렵습니다. 해결되지 않은 수수께끼들이 많이 있지요.

다만 현재는 수식을 계산해 소립자의 행동을 설명할 수 있는 방법 정도만 알려졌을 뿐입니다. 이 무대 뒤에서 도대체 무슨 일이 벌어지고 있는지 정확한 것은 아무도 모릅니다.

양자역학을 몰라도 배워야 하는 방정식

슈뢰딩거의 방정식은 한번 외워보십시오. 그럴 만한 가치가 있으니까요. 모든 물체는 입자이면서 파동이라 할 때, 절반을 차지하는 '파동'의 본질적 측면을 파악한 방정식이기 때문입니다.

양자역학은 현실에 존재하는 반도체에 응용되고 있습니다. 대부분의 전자기기에 사용되고 있죠. 파동 역학이라는 이름으로 불렸던 양자역학의 초창기에는, 이 이론이 미래에 기술에 응용될 것이라고 생각도 못 했을 것입니다. 그러나 백여 년 전에 태어난 이 수식이 없었다면 지금 우리는 스마트한 생활을 전혀 누리지 못하고 있을 것입니다.

심지어 현대 화학에서는 양자역학을 이해하지 못해도 이 방정식부터 배워야 합니다. 우리 생활에 쓰이는 화학 물질이 복수의 원자와 분자로 조합되기 때문입니다. 예를 들어 코로나 바이러스가 퍼져나갈 때 백신 개발이 최대 이슈로 떠올랐습니다.

보통 신약이나 백신을 개발하려면 어마어마한 자금과 세월이 필요합니다. 이때 가장 우선시되는 것이 화합물의 어느 부분을 어떻게 변경할지, 가능한 한 최소한의 시행 횟수로 결정해야 한다는 것입니다. 대개 신약을 만들 때는 기존 약의 일부를 변형해 사용하는 경우가 많습니다. 그럴 때 이 방정식을 풀어서 새로운 부분의 결합성 등 다양한 구조를 미리 계산할 수 있습니다. 이는 매우 중요한 일입니다. 즉, 분자 수준의 화합물 구조를 해석할 때 화학자는 슈뢰딩거 방정식을 기초로 하고 있습니다. 우리가 먹는 약은 슈뢰딩거 방정식이 없으면 만들어지지 않는다고 할 수 있습니다.

№ 5

반도체를 만들어낸

디랙 방정식

전자나 원자핵 같은 소립자들은 운동하고 있습니다. 이들이 운동하는 것을 포괄하여 '스핀'이라 합니다. 행성이 자전하듯 소립자도 팽이의 회전과 비슷한 스핀 운동을 합니다. 스핀은 양자론 특유의 성질입니다. 사실 팽이에 비유하는 설명은 그다지 좋지 않습니다. 소립자를 구체의 무언가처럼 상상해 안이하게 행성처럼 회전한다고 생각해버릴 위험이 있기 때문입니다. 앞에서도 주의했지만 양자역학의 세계는 우리 머리로는 상상하기 그리 간단하지 않습니다.

보물 같은 방정식

양자역학의 세계를 열고 노벨 물리학상을 받은 위대한 과학자 중 한 명이 폴 디랙입니다. 디랙 방정식은 바로 이 스핀을 나타냅니다. 슈뢰딩거 방정식이 초기 양자론의 완성형이라고 하면, 이 수식은 후기 양자론이라고 일컫는 '장의 양자론'으로 이어지는 첫걸음을 열었습니다.

연애 사건이 많았던 슈뢰딩거와 파인먼에 비해 디랙은 과묵한 스타일의 전형적인 학자였던 듯합니다. 다른 사람의 얼굴에 흥미가 없어 지인도 잘 분간하지 못했을 정도라 합니다. 또한 대화할 때도 단순히 예, 아니오로 답했다고 합니다. 그런 디랙이 처음으로 미국의 파인먼을 방문했을 때의 일입니다.

둘은 만나자마자 서로 인사도 하지 않았습니다. 긴 침묵의 시간이 흐른 후에 디랙이 아주 천천히 한마디를 꺼냈다고 합니다. "나에게 방정식 하나가 있다네." 품에서 보자기에 싸인 소중한 보물이라도 꺼낼 듯한 분위기가 느껴지시죠. 그에게 의례적인 인사 따위는 필요 없었을 겁니다. 그보다는 자신의 아름답게 정리된 방정식을 정중히 대해달라, 그리고 빨리 보여주고 싶다는 두근거림이 느껴집니다. 그 보물 같은 디랙 방정식은 다음과 같습니다.

$$i\gamma^\mu \partial_\mu \psi = m\psi$$

디랙 방정식

② 소립자의 수식

좌변의 γ(감마)는 감마 행렬이라고 합니다. 이는 4×4의 행렬로 이루어져 있습니다. 그래서 파동 함수 ψ도 4개의 성분을 가지고 있습니다. 아인슈타인 방정식의 $\mu\nu$와 같은 상태죠. 여기에서 ψ는 '페르미온'이라는 소립자를 나타냅니다.

이 세상에 존재하는 물질은 쿼크나 전자를 모두 합한 페르미온이라는 소립자로 구성되어 있습니다. 그러니까 이 수식은 '세상의 모든 물질을 이루는 소립자가 따르는 수식'이라고 할 수 있습니다.

m은 그 소립자의 질량을 뜻합니다. 디랙 방정식은 슈뢰딩거 방정식에서 출발해 더욱 깔끔하게 정제한 식입니다. 소립자의 특성을 슈뢰딩거 방정식보다 더 명확하게 설명하고 있죠.

이 수식에는 다른 형태가 있는데요, 감마 행렬과 미분 부분을 생략했습니다. 보통 슬래시라는 빗금으로 표기합니다. 이렇게 간단하게 만들면 기억하기도 쉬울 것입니다.

$$(i\rlap{/}\partial - m)\psi = 0$$

소립자의 질량

간략화한 디랙 방정식

피겨 스케이팅 선수처럼 운동하는 소립자

ψ에는 페르미온이라는 이 세상 물질을 구성하는 모든 입자들이 가득 차 있다고 했습니다. 우리가 볼 때는 작디작은 소립자도 양자론의 관점에서 보면 하나의 점이면서 퍼진 구름 같은 안개 모양이기도 합니다. 이것이 바로 입자이면서 동시에 파동이라는 소립자의 이중성을 나타내는 이미지죠.

흔히 소립자의 '스핀'이라고 하면 '구의 회전운동'을 연상하는데, 같다고 할 수 없습니다. 엄밀하게 말하면 스핀은 각운동량이라는 물리 용어에 해당되는 운동입니다.

각운동량은 각운동량 보존의 법칙으로 들어보신 적 있으실 겁니다. 물레 위에 올라간 사람이 양팔을 벌린 채로는 천천히 돌다가 팔을 모으면서 빠른 속도로 도는 실험을 아시나요? 피겨 스케이팅 선수를 떠올리셔도 좋습니다. 이 각운동량을 양자화된 특별한 양으로 설명하는 용어가 바로 스핀입니다.

페르미온은 하나의 에너지 상태에 업(up) 또는 다운(down) 두 가지 형태의 스핀만 취합니다. 스핀은 업일 땐 $+1/2$, 다운일 땐 $-1/2$이라는 값을 가집니다. 다른 소립자가 같은 상태를 취하는 일은 '파울리의 배타 원리'에 의해 허용되지 않습니다. 중·고등학교 화학 시간에 주기율표를 공부 할 때 원자 궤도에 대해 배웠을 텐데요. 다음과 같은 그림으로 설명해봅시다.

② 소립자의 수식

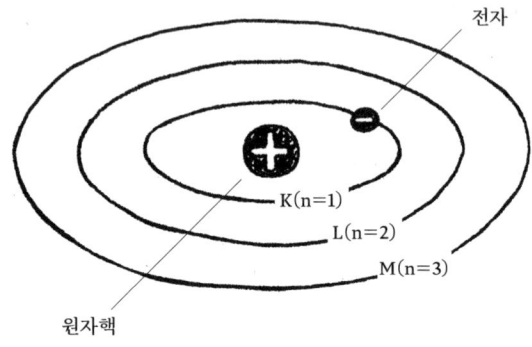

 안쪽에서부터 K 껍질, L 껍질, M 껍질의 순서대로 전자가 들어가는 위치가 정해집니다. 예를 들어 수소에는 K 껍질에 1개의 전자가, 헬륨에는 K 껍질에 2개의 전자가 안정된 상태로 존재합니다. K 껍질에 전자가 1개인 중성 수소인 경우, 원자핵 1개, 주변의 전자 1개로 이루어져 있습니다. 그런데 전자의 스핀 방향에 따라 중성 수소는 두 가지 양자 상태를 가질 수 있습니다.
 우주에서 가장 간단한 구조를 가진 수소는 대부분 중성 원자 상태로 존재합니다. 중성 수소 원자에서 에너지를 방출하면 파장이 21cm인 전파가 형성되는데 이 현상을 '수소 스핀 플립'이라고 하고, 이 전파를 21cm 수소선이라고 합니다.

수소는 우주에서 가장 흔한 원자입니다. 21cm 수소선은 먼지나 가스 구름 같은 장애물의 방해를 거의 받지 않고 통과합니다. 때문에 머나먼 우주를 뚫고 멀리까지 도달할 수 있습니다. 따라서 과학자들은 우주에 외계 문명이 있고, 이들이 우주에 보내는 통신 수단을 선택한다면 21cm 수소선을 사용할 것이라고 생각합니다.

1972년에 발사된 행성 탐사기 파이어니어호에 실린 금속판에도 외계인에게 지구의 길이 단위를 알려줄 때, 21cm 수소선을 단위로 하여 표시했습니다. 지구의 남녀의 모습을 그리고, 여성의 키를 표시할 때 8×21cm=168cm라는 식으로 표시한 것입니다.

모양새에 집착했던 과학자

지금 우리는 전자의 양자론적 운동과 관련된 현상들을 짚어보고 있습니다. 드랙 방정식이 전자의 운동을 설명하는 방정식이기 때문입니다. 전자의 양자론적 운동은 오늘날 전자기기에 쓰이는 반도체의 기초가 됩니다.

전자가 자유롭게 흐르는 금속 등을 도체라 하고, 전기가 통하지 않는 고무 등을 절연체라 합니다. 반도체란 이 둘의 중간 성질을 나타낸다 해서 지어진 이름입니다. 반도체는 전자가 흐르지 않는 상태인데, 어떤 에너지를 가하면 다시 전자가 흐르는 소

② 소립자의 수식

재입니다. 반도체를 조합하면 한 방향으로만 전류가 흐르는 다이오드나 전류가 증폭하는 트랜지스터라는 전자제품에 쓰이는 부품을 만들 수 있습니다. 크기가 작아도 복잡하고 다양한 응용력을 가진 회로를 제작할 수 있는 이유가 여기에 있습니다.

점잖은 학자였던 디랙은 자신의 방정식이 이러한 미래 기술에 도움이 되리라고는 꿈에도 생각지 못했을 겁니다. 디랙 방정식은 드라마틱하다기보다는 학술적인 과정에 의해 발견되었습니다. 디랙은 공간 미분과 시간 미분 모두 1회 통일을 시도했습니다. 그가 그런 형태에 집착한 건 학술적인 이유도 있지만 미적 센스가 큰 역할을 했기 때문인데요. 디랙은 평소 '물리 법칙은 수학적으로 아름다워야 한다'를 좌우명으로 삼았습니다.

디랙은 기존의 슈뢰딩거 방정식을 수학적으로 아름답게 다듬으려고 궁리했습니다. 슈뢰딩거 방정식은 기본적으로 빛보다 느린 운동을 하는 소립자를 상정하기 때문에, 빠른 속도를 다루는 상대성 이론과는 원래 잘 맞지 않았습니다. 그래서 고속으로 운동하는 소립자를 설명하기 위해 상대론적으로 확장한 수식이 있는데, 그것이 클라인-고든 방정식(Klein-Gordon equation)입니다.

슈뢰딩거 방정식에서 공간 미분은 2회였지만 시간 미분은 1회였습니다. 클라인-고든 방정식은 시간 미분도 2회로 개량해, 시간과 공간을 동등하게 다루는 특수상대성 이론을 만족시킨다는 구조를 가지고 있었습니다. 그러나 클라인-고든 방정식에서는 당시에 발견되지 않았던 전자의 스핀이라는 소립자 특유의 성질이 드러나지 않았습니다. 또 다른 문제점은 이 방정식에서 음수 에너지가 등장한 것입니다. 입자가 에너지를 가지지 않으면 0, 가지면 양수인데 음수는 설명할 수 없었던 것이죠.

폴 디랙은 아인슈타인 방정식을 2개로 쪼개고 행렬을 이용하면 문제를 해결할 수 있다고 생각했습니다. 이렇게 디랙 방정식이 만들어집니다.

디랙은 일단 자신이 발견해야 할 식의 방침을 '제곱했을 때 클라인-고든 방정식과 일치해야 한다'고 정했습니다. 이 과정에서 자연스럽게 스핀이 유도되었고 더불어 음의 에너지를 가진 반입자까지 도출됩니다.

디랙 또한 처음에는 음수 에너지 입자를 어떻게 설명해야 할지 몰라 난감해했습니다. 디랙은 이를 위해 음수 에너지 입자가 양성자라는 주장을 버리고, 기존에 진공으로 알고 있던 에너지 0의 공간이 에너지가 없는 게 아니라 0 에너지 아래의 음수 에너지 영역에 전자가 가득차 있다고 상정했습니다. 이를 '디랙의 바다'라고 불렀습니다. '디랙의 바다'는 애니메이션 〈신세기 에반게리온〉 시리즈에서 주인공이 붙잡힌 공간으로도 등장합니다.

그런데 이 반입자가 나중에는 양전자인 것으로 발견됐습니다. 1932년 칼 앤더슨(Carl Anderson)이 우주선을 연구하다 우연히 양의 부호를 띠는 전자를 발견합니다. 이 입자는 양전자라고 명명됐고, 디랙이 예견했던 음수 에너지 입자라는 사실이 밝혀집니다. 최초로 반입자가 발견된 것이죠.

수식에만 있던 것이 실제 세계에서 나타난 것입니다. 그것도 수식을 발견한 디랙조차 전혀 예상하지 못한 형태로 말입니다. 수식이 발견자의 의도를 뛰어넘어 세상에 새로운 진리를 스스로 이야기하는 신기한 일이 발생한 것입니다. 디랙의 이론은 정설로 받아들여지면서 1933년 노벨 물리학상을 수상합니다.

№6
한 번 더
표준 모형 수식

      표준 모형 수식을 이미 앞에서 소개했는데, 왜 다시 살펴봐야 할까요. 복습이 필요한 이유는 이 표준 모형을 소립자의 세계를 이해하고 보면 다시 보이는 대목이 있기 때문입니다. 표준 모형 이론은 자연계의 네 가지 힘을 기술하는 수식이고, 그중 소립자로 설명할 수 있는 전자기력, 강력, 약력에 해당하는 부분은 매우 비슷한 모양을 하고 있습니다.

$$-g_1 \bar{\psi} \slashed{B} \psi - \frac{1}{4} B^{\mu\nu} B_{\mu\nu} - g_2 \bar{\psi} \slashed{G} \psi - \frac{1}{4} G^{\mu\nu} G_{\mu\nu}$$

$$-g_3 \bar{\psi} \slashed{W} \psi - \frac{1}{4} W^{\mu\nu} W_{\mu\nu} + \frac{1}{16\pi G}(R-\Lambda)$$

표준모형 수식

"자연이 상대적으로 낮은 수준의 수학 공식으로
표현될 수 있다는 사실은 정말로 놀랍고 축복받은 일이다."
— 루돌프 카르나프(Rudolf Carnap)

$$-g_1 \bar{\psi} \slashed{B} \psi - \frac{1}{4} B^{\mu\nu} B_{\mu\nu}$$

$$-g_3 \bar{\psi} \slashed{W} \psi - \frac{1}{4} W^{\mu\nu} W$$

$$g_2 \bar\psi \slashed{G} \psi - \frac{1}{4} G^{\mu\nu} G_{\mu\nu} + \frac{1}{16\pi G}(R-\Lambda)$$

'우리가 존재함'을 뒷받침한다

첫 번째 부분이 전자기력인데 여기에서는 B가 광자를 뜻합니다. 두 번째 부분은 강력인데, 여기서 G는 글루온입니다. 세 번째 부분은 약력인데 W는 약한 상호 작용을 매개하는 입자인 W 보손이나 Z보손을 나타냅니다. 이들은 모두 힘을 전달하기 위한 매개 입자로 실제로 존재합니다.

즉, 표준 모형은 매개입자를 통해 동일한 형태로 힘을 설명합니다. 그런데 이 수식에서 중력만 모양이 이상한 것은 중력을 전달하는 매개 입자가 없다는 뜻입니다. 아직 우리는 중력을 전달하는 매개 입자가 있는지 없는지 정확히 알 수 없습니다. 중력 외의 세 가지 힘은 양자론적 힘으로 통일되어 있습니다.

다만 네 번째 중력 부분의 마지막에 Λ가 있는데, 이는 아인슈타인 방정식에 등장한 우주 상수라는 것이 기억나시겠죠. 우주 상수는 관측에 의해 그 존재가 거의 확실시됐기 때문에 이 수식에 첨가됐습니다. 여기까지가 현재 인류가 정리해 낸 표준 모형 수식입니다.

표준 모형 수식은 앞은 소립자론으로 정리되고 뒤는 우주론으로 정리된 것으로, 현대 물리학을 집대성한 수식입니다. 어떤 한 사람의 연구자가 발견한 것이 아니라 중력은 아인슈타인이, 양자역학은 디랙부터 장의 양자론에 이르는 기나긴 세월 끝에 이루어진 최종 형태입니다. 저는 이 같은 이유로 많은 물리학자들이 후대에 남길 수식을 단 하나만 골라야 한다면 이 수식을 고를 거라 생각합니다. 우리가 발견하고 만들어낸 자연을 설명하는 수식들 중 가장 많은 것을 담고 있다고 생각합니다.

　이 수식에 등장하는 결합 상수 g_1, g_2, g_3, G는 각각의 힘의 크기를 결정합니다. 그것들의 값이 조금이라도 달라지면 원자는 존재할 수 없고, 그러면 말할 필요도 없이 우리도 태어날 수 없었을 겁니다. 약간 철학적인 표현으로 이 수식을 뒤집어 말하면 '여러분이 이 세상에 존재함'을 나타낼 수 있을지도 모르겠습니다.

"자연을 깊이 연구하는 것이
수학 발견의 가장 풍요로운 원천이다."
— 조제프 푸리에(Jean-Baptiste Joseph Fourier)

No 7

인류가 향해야 할 극한의 세계
플랑크 길이

이제 인류가 앞으로 탐험해야 할, 물리학에서 최고로 높은 고지로 안내하겠습니다. 물리 상수란 물리학 전반에 등장하는 보편적인 값을 말합니다. 물리학에서 변하지 않는 대표적인 물리량에는 중력 상수 G가 있습니다. 크기가 조금이라도 다르면 중력의 크기가 변해 우주에 별이 생기지 않는 중요한 상수입니다.

마찬가지로 광속도 c나 양자론의 플랑크 상수 h 역시, 약간이라도 다른 값이 된다면 이 세상은 전혀 다른 구조가 될 정도로 근본을 뒤흔드는 값입니다. 이제 세상에서 가장 작은 단위인 플랑크 길이에 대해서 알아보겠습니다. 이 플랑크 길이는 양자역학과 중력을 연결하는 아주 중요한 개념입니다. 플랑크 길이는 다음과 같이 나타냅니다.

$$l_P = \sqrt{\frac{\hbar G}{c^3}} \sim 10^{-35} m$$

플랑크 길이

우주의 시작을 재는, 세상에서 가장 작은 단위

플랑크 길이 수식에서 보듯이 플랑크 길이 l_p를 수치로 나타내면 약 10^{-35}m로 이 세상에서 가장 작은 단위입니다. 그렇다면 이렇게 작은 단위를 상정하는 일이 왜 필요할까요. 우주는 급격한 가속 팽창으로 커지며 시작됐다고 합니다. 가속 팽창이 시작될 무렵의 우주의 크기가 바로 플랑크 길이입니다. 즉, 우주의 시작, 세계의 시작이 되는 크기죠. 이보다 작은 것은 현대 물리학에서 다루지 않습니다. 더 이상 쪼개지지 않는 근본적인 소립자인 쿼크가 10^{-18}이니 10^{-35}인 플랑크 길이가 얼마나 작은지 감이 오실 겁니다.

양자역학과 상대성 이론은 현대 물리학의 2대 기둥으로 방금 말한 3개의 물리 상수 중력 상수 G, 광속도 c, 플랑크 상수 h가 이 두 물리학의 뼈대를 이루고 있습니다. 수식을 보면 이 3개의 상수가 보이지요? 이 세 상수를 한데 모아 조합해야 나오는 길이가 바로 플랑크 길이 l_p라는 것입니다. 수식에서는 플랑크 상수 h를 2π로 나눈 '$\hbar$(h 바)'라는 기호를 사용했습니다. $\hbar$는 환산 플랑크 상수 혹은 디랙 상수라고도 불립니다.

플랑크 길이에 대한 연구야말로 앞으로 현대 물리학이 헤치고 나아가야 할 다음 목표 지점입니다. 현대 물리학이라는 산을 거의 다 올랐다고 생각했더니 저 멀리 또 다른 높은 봉우리가 보이는 기분입니다. 언제나 더 높은 곳을 바라보는 물리학자들에게는 최고봉 에베레스트처럼 느껴지는 매혹의 산이지만, 이 산에 오르는 여정 또한 에베레스트처럼 정말 험난할 것입니다.

만약 정상에 오른다면 자연의 네 가지 힘이 통일되는 일이 벌어지는 것입니다. 아직은 실현 불가능한 세계입니다. 중력과 양자역학이 통합된 새로운 힘이 발견된다면 플랑크 길이에서 어떤 일이 일어나는지 알게 될지도 모릅니다.

3개의 물리 상수로 다른 조합을 만들면 플랑크 질량과 플랑크 시간이라는 버전도 등장합니다. 플랑크 질량은 플랑크 길이만큼 작지는 않습니다. 쿼크의 질량이 약 10^{-29}kg인 데 비해 플랑크 질량은 약 10^{-8}kg입니다. 그러나 플랑크 시간은 플랑크 길이처럼 현대 물리학의 시간 최소 단위로 생각되며 약 10^{-44}초에 해당합니다. 그동안 연속한다고 생각했던 시간에도 최소 단위가 존재할까요. 아직 밝혀지지 않은 미스터리의 영역입니다. 이 수식의 매력은 세상 거의 모든 것에 관한 VIP급 상수가 3개나 모였다는 점입니다. 뒤에 나오는 오일러 등식에도 π, +1, 0이 모여 있는데, 오일러 등식의 물리학 버전이라고 해도 좋습니다.

수식을 써 붙이고 계속 바라보았던 연구자

플랑크 길이도 막스 플랑크가 만들었습니다. 플랑크 상수 h에는 그의 이름이 남아 있지 않지만, 플랑크 길이 lp의 p에는 드디어 그의 머리글자가 남게 되었습니다.

제2의 스티븐 호킹이라고 평가 받는 카를로 로벨리라는 과학자가 있습니다. 그는 양자 이론과 중력 이론을 결합한 '루프 양자 중력'이라는 개념으로 블랙홀을 새롭게 규명한 우주론의 대가입니다. 카를로 로벨리는 이 플랑크 길이를 쓴 종이를 책상 앞에 붙여두고 항상 바라보았다고 합니다.

그리고 '이 스케일의 세계는 도대체 어떤 곳인가'하고 매일같이 자문자답을 반복했다고 합니다. 여러분도 수식을 써서 바라보기만 해도 무언가 영감이 떠오를지도 모릅니다. 양자론의 세계를 통해 인간이 완전히 다른 사고의 세계를 열었듯이요.

$$\nabla \cdot E =$$

$$\nabla \cdot B =$$

3 빛의 수식

$$= \frac{\rho}{\varepsilon} = 0$$

"수학적 창의력의 원동력은 논리가 아니라 상상력이다."
— 오거스터스 드 모르간(August De Morgan)

№ 1

원자폭탄의 힘을 만들어내다
상대론적 에너지의 식

　　　　　　우주의 주인공인 별. 별은 대부분 빛을 내서 자신의 존재를 알립니다. 만약 우주 공간에 빛이 없었다면, 우리는 캄캄한 허공 속에서 발 딛고 있는 땅만이 세계의 전부라고 인식했을 것입니다. 빛은 수억 년이나 되는 아득히 먼 거리에서 보내는 정보입니다. 이 정보가 지구에 도달할 때 우리는 비로소 우주를 알 수 있습니다. 빛은 우주를 전달하는 메신저입니다.

　이러한 빛의 관점에서 세계를 설명하는 이론이 아인슈타인의 특수상대성 이론입니다. 아인슈타인은 항상 빛의 입장에서 사물을 보고 골똘히 생각했습니다. 그 결과 빛이 중심이 되는 세계를 머릿속에 그려낼 수 있었죠. 허황된 공상이 아니라 실제로 존재하는 넓디넓은 우주가 무대였습니다. 빛이 법이 되는 곳, 바로 상대성 이론의 세계입니다.

아인슈타인의 상대성 이론에는 두 가지가 있습니다. 중력에 대한 일반상대성 이론과 광속에 대한 특수상대성 이론입니다. 보통 '특수'하다고 말하면 특별한 경우를 뜻하다 보니 특수상대성 이론은 일부 자연 현상에만 해당한다고 착각하기 쉽습니다. 그러나 실제로는 특수상대성 이론이 일반상대성 이론보다 영역이 넓고 소립자까지 포함합니다.

특수상대성 이론이 더 일반적인 이론인 이유는 속도를 가지고 운동하는 모든 물체에 들어맞기 때문입니다. 다만 특수상대성 이론으로 다룰 수 있는 운동에는 제한이 있어 중간에 속도가 변하는 운동은 설명할 수 없지요. 뉴턴 운동 방정식에서도 보았듯이 속도가 변했다는 것은 물체에 힘을 가했음을 의미하는데, 그러면 중력을 다루는 일반상대성 이론의 영역이 되기 때문입니다. 특수상대성 이론은 어디까지나 등속도로 운동하는 경우, 바꿔 말하면 힘이 작용하지 않는 운동에 관해서만 다룰 수 있습니다.

아주 작은 질량이 품고 있는 폭발적 에너지

상대성 이론의 줄임말은 상대론입니다. 편하게 상대론이라고 하겠습니다. 상대론에서 가장 유명한 수식이 $E=mc^2$입니다. $E=mc^2$을 풀어 쓰면 질량 m에 광속도 c의 제곱을 곱하면 에너지

E로 변한다는 내용입니다. 이 식은 '질량이 에너지로 변환된다'는 사실을 말해줍니다. 광속도 c는 굉장히 커다란 값이므로 질량이 작더라도 막대한 에너지가 방출됩니다. 이것이 바로 아주 작은 질량 변화만으로 도시를 한순간에 통째로 파괴하는 에너지를 내는 원자폭탄의 원리입니다.

그러나 과학자의 입장에서는 더 복잡한 수식의 일부일 뿐입니다. 마치 뉴스 기사에서 좋은 곳만 편집한 것과 같습니다. 원래는 이렇게 생겼습니다.

$$E = \frac{mc^2}{\sqrt{1-\frac{v^2}{c^2}}} \simeq mc^2 + \frac{mv^2}{2}$$

상대론적 에너지 수식

우변이 분수가 됐고 분모에 루트가 씌워져 있습니다. 이 식이 특수상대성 이론에서 말하는 에너지 수식의 정식 버전입니다. 이 수식을 변형하면 여러분이 알고 있는 형태가 자동으로 도출되죠. 물체의 속도 v를 광속도 c에 비해 충분히 작게 하여 식을 전개하면 $E=mc^2$이라는 간략한 식이 됩니다. 제1항이 친숙한 mc^2이고 제2항은 운동 에너지를 나타냅니다. 제1항을 질량 에너지라고도 합니다.

이 수식의 매력은 물체의 모든 에너지를 하나의 수식으로 정리했다는 점입니다. 특수상대성 이론이 발견되기 전에는 에너지라고 하면 운동 에너지가 대표적이었습니다. 설마 질량이 에너지의 형태 중 하나일 줄은 몰랐기 때문에 아주 엄청난 발견을 한 셈이죠. 그래서 이 수식을 '질량-에너지 등가의 법칙'이라고도 합니다.

물리학계가 길이 기리는 '기적의 해'

상대성 이론이 일으킨 파장은 어마어마했습니다. 단순히 시간이 느려지거나 거리가 줄어드는 등 신기한 현상이 일어난다는 정도가 아닙니다. 우리가 알던 세계가 아닌 다른 세계가 물리의 본질임을 밝힌 것입니다. 겨우 26세의 청년이 일으킨 기적 같은 물리 혁명이었습니다.

상대론적 에너지의 식

물리학자들은 아인슈타인이 세 가지 위대한 업적을 발표한 1905년을 '기적의 해'라고 부릅니다. 2005년에는 기적의 해 백주년을 기념해 '세계 물리의 해'로 정했고, 이에 많은 과학 학회가 열리기도 했습니다. 아인슈타인이 물리학에 큰 영향을 끼친 세 가지 업적은 무엇일까요.

첫 번째는 양자역학에 등장한 '광전 효과'에 관한 논문입니다. 그는 이 논문으로 노벨상을 받았습니다. 광전 효과는 앞에서 살펴본 드 브로이에게 큰 영향을 미쳐 양자역학이 탄생하는 계기가 되었습니다.

두 번째는 '브라운 운동(Brownian motion)'입니다. 이는 뒤에 나올 열역학(엔트로피 증가의 법칙)에서 살펴보게 될 것입니다. 브라운 운동은 열운동의 본질을 간파해, 현대 물리학의 난제인 비평형 통계 역학을 향해 내딛는 첫걸음으로 해석되는 중요한 발견입니다.

그리고 세 번째가 바로 '특수상대성 이론'입니다. 여담이지만 아인슈타인은 노벨상을 한 번밖에 받지 못했습니다. 상대성 이론은 당시 그 정도로 중요하게 여겨지지 않았고 노벨상 후보 대상에조차 오르지 않았습니다. 정말 이상하죠.

이렇게 기적 같은 일도 지구에서는 엄청난 혁명일지 몰라도, 드넓은 우주 어딘가에 존재할지 모르는 외계인의 관점에서 보면 당연히 통과해야 할 한 발자국에 불과할 수도 있습니다. 지구의 관점이 아닌 우주의 관점에서 보면 상대론은 누구나 당연히 도달하는 우주의 보편적인 지식일 것입니다.

빛으로 정보를 전달하는 현대의 우리는 특수상대성 이론을 많은 곳에서 사용합니다. 특히 반도체 집적 회로를 쓰는 GPS 전파 수신 회로나 측위 계산 회로 부분에 특수상대성 이론에 의한 보정이 포함됩니다. 아인슈타인 방정식에서 이야기한 GPS가 어긋나는 현상도 정확히는 일반과 특수 양쪽의 보정이 필요합니다. 우리가 비록 광속에 가까운 속도로 이동하지 않더라도 전파를 보내는 위성은 지구를 90분에 한 바퀴 도는 빠른 속도로 이동하고 있으므로 이 수식이 꼭 필요합니다.

하지만 상대론을 이용한 과학 기술이 우리 생활에 혜택만 주는 것은 아닙니다. 원자폭탄은 상대론으로부터 만들어진 인류의 위협이죠. 이는 원자력 발전이나 원자폭탄이나 원자핵의 질량을 에너지로 변환해 이용한다는 점에서 원리는 크게 다르지 않습니다. 원자력 발전소에서도 비참한 사고가 일어나니 좋은 점만 있다고 하기는 어렵겠지만, 인류에게 도움이 된다는 점도 틀림없습니다.

№ 2
만든 사람과 증명한 사람이 다르다
로런츠 변환식

특수상대성 이론의 세계에서 물체는 빛에 가까운 속도로 운동합니다. 이전에 우리가 알던 뉴턴 역학에서 물체의 운동 속도는 빛의 속도에 비하면 현저히 느려, 기껏해야 로켓 수준에만 적용될 수 있었습니다. 뉴턴 시대의 사람들은 빛을 물체의 운동이라는 개념으로 설명할 수 있다고 생각하지 못했습니다. 그러므로 '빛처럼 운동한다면?'이라고 발상하는 사람은 아무도 없었습니다. 그러나 젊은 시절의 아인슈타인에게는 빛의 운동이야말로 세상에서 제일 궁금한 일이었죠. 그는 언제나 물체가 빛의 속도처럼 빨리 운동하면 어떻게 될지 사고 실험을 하곤 했습니다.

사고 실험이란 '만약 빛의 속도로 달리는 전철 안에서 불을 켜면 그 불빛은 광속의 2배가 될까?' 같은 '만약의 실험'을 머릿

$$t' = \cfrac{1}{\sqrt{1-\cfrac{}{}}}$$

"창조적 원리는 수학에 있다.
따라서 옛사람들이 꿈꾸었듯이
나는 어떤 의미에서 순수 사고가
진리를 파악할 수 있다고 본다."
— 알베르트 아인슈타인

$$= \left(t - \frac{v}{c^2}x\right)$$

속으로 하는 것을 의미합니다. 뉴턴 시대의 사람이라면 그런 바보 같은 소리가 어디 있냐며 웃어넘길 실험이죠.

놀러 오세요, 광속의 세계로

그러나 아인슈타인의 머릿속에만 존재했던 세계가 실은 우주의 본질이었음이 나중에 밝혀집니다. 우주는 빛이 지배하는 세계라서 빛의 본질을 알지 못하면 결코 이해할 수 없습니다. 오늘날의 과학자들은 아인슈타인을 통해 엉뚱한 발상이야말로 세상을 이해하는 가장 빠른 지름길이라는 교훈을 얻게 되었습니다. 그가 발표한 상대성 이론에 의해 빛의 시각으로 살펴본 세계의 본질이 속속 선명하게 드러나기 시작했죠.

상대론은 기본적으로 광속에 가까운 운동을 하는 차원에 걸맞습니다. 그러면 광속보다 많이 느린 경우에는 어떻게 하는가. 큰 문제 없습니다. 상대성 이론 안에 뉴턴 역학이 포함되어 있어서 속도가 느린 경우에는 뉴턴 역학으로도 부족함이 없기 때문입니다.

사실 우리 주변 물체의 운동을 알기 위해서는 뉴턴 역학에서 시작하는 쪽이 압도적으로 편리합니다. 상대론에서 시작하면 아주 먼 길을 돌아가야 하기 때문입니다. 어쨌든 둘 다 필요합니다. 영역이 넓은 상대론은 이른바 만능 나이프에 비유할 수 있습니다. 하지만 음식을 먹기 위해서라면 이러저러 기능 없이 처음부터 포크(뉴턴 역학)만 쓰면 됩니다.

 다만 주의할 점은 특수상대성 이론이 성립하려면 운동 중에 힘이 작용하지 않아야 한다는 것입니다. 속도가 변하지 않는 등속 운동이어야 합니다. 이 조건만 지키면 성립하는 보편적인 이론인 특수상대성 이론은 그리 어렵지 않습니다. 다만 상대론의 놀라운 효과가 발휘될 때는 광속에 가까운 경우로, 수식에서는 v를 c에 가깝게 하면 점점 느려지는 시간을 느낄 수 있게 됩니다. 그 놀라운 효과를 보여주는 수식이 바로 '로런츠 변환식'입니다.

$$t' = \frac{1}{\sqrt{1-\frac{v^2}{c^2}}}\left(t - \frac{v}{c^2}x\right)$$

로런츠 변환식

③ 빛의 수식

아인슈타인 이전에 '시간과 공간'의 뒤섞임을 발견하다

이 수식에서 $'$는 '대시'라고 읽습니다. 로런츠 변환식은 '광속에 가까운 속도로 이동하는 사람의 시간'과 '정지한 사람의 시간'이 다르다는 사실을 말해줍니다. 아마 상대성 이론이 이미 세계관에 들어와 있는 사람들은 '당연히 다른 거 아냐?'라고 생각할 수 있겠지만, 시간이 각자에게 다르게 흐른다는 것은 매우 놀라운 발견이었습니다. 그리고 이 두 시간이 어떤 관계에 있는지를 수식으로 증명한 것은 정말 대단하지요.

이 수식을 보면 초고속도 v로 달리는 전철에 탄 사람의 시간 진행 t는 역에 서 있는 다른 사람의 시간 진행 t와 어떤 관계인지 알 수 있습니다. 그때 전철에 탄 사람의 시간은 자신의 위치가 아니라, 뜻밖에도 전철 밖에 있는 사람의 위치 x와 관련이 있습니다.

이것이 놀랍습니다. 지금까지의 시간·공간 개념으로는 생각할 수 없는 일입니다. 전철 안의 사람이, 밖의 좌표가 어디에 있는지에 따라 시간이 변한다는 것이죠. 공간과 시간이 뒤섞이는 것입니다.

이 식을 완성한 사람은 네덜란드의 물리학자 헨드릭 로런츠(Hendrik Lorentz)입니다. 로런츠는 이 수식을 아인슈타인이 특수 상대성 이론을 발표하기 전 해에 완성했습니다. 그는 어떻게 이 수식을 생각하게 됐을까요.

그가 이 식을 생각한 계기는 전자기학에 등장하는 맥스웰 방정식이 '갈릴레이 변환(Galilean transformation)' 시 형태가 변한다는 사실 때문이었습니다. 갈릴레이 변환은 앞의 예로 설명하면 역에 멈춰 있는 사람과 일정 속도로 이동하는 전철 안의 사람을 비교하는 것입니다.

역에 있든 전철 안에 있든 전자기학은 같은 형태의 법칙을 따르므로 갈릴레이 변환에서 수식 모양이 변하는 것은 부자연스러웠습니다. 그래서 로런츠는 방정식 모양이 바뀌지 않도록 갈릴레이 변환을 확장하여 고안합니다. 이것이 바로 로런츠 변환식입니다.

그전까지의 통념에서 시간과 공간을 각각 다루면 이러한 변환은 결코 이루어지지 않습니다. 시간과 공간을 섞어 만든 로런츠 변환식이 있기에 비로소 전철 안의 사람도 역에 서 있는 사람도 같은 식으로 나타낼 수 있었던 거죠.

이는 전자기학의 식이 이미 빛의 세계에 발을 걸치고 있었다는 사실과 큰 관련이 있습니다. 지금은 전자파의 정체가 빛이라는 사실이 잘 알려져 있는데요. 그 당시에는 아직 전자파가 무엇인지 밝혀지지 않아 물리학자들은 뭔가 답답함을 느꼈습니다. 그것을 수학적으로 해소한 것이 로런츠 변환식입니다.

로런츠는 사실 시간과 공간이 섞인다는 것이 수학적으로만 존재하는 식이라고 생각했을 겁니다. 그렇지 않았다면 이 변환에 따르는 세계인 특수상대성 이론을 아인슈타인이 아니라 로런츠가 발견했을 텐데 말입니다. 로런츠와 아인슈타인의 생각을 가상의 대화로 재구성해보면 다음과 같을 겁니다. 만약 두 사람이 동시에 퀴즈 프로그램에 나왔다고 상상해봅시다.

사회자 : 로런츠 씨, 이 수식은 실제로 자연의 세계에서 어떻게 설명할 수 있을까요? 무엇에 대한 수식입니까?

로런츠 : 우리가 가진 불만을 해소하고자 만들어봤습니다만…. 글쎄요.

아인슈타인 : 이건 바로 빛의 수식입니다!

로런츠 : 앗, 그게 정답이었어!

로런츠 수식은 여러 관련된 수식이 있습니다. 루트 부분을 모두 γ라는 기호로 바꾸고, 로런츠 인자 γ를 쓰는 방법입니다. 이런 변환된 식들이 더 많이 쓰입니다.

로런츠 인자 γ의 값은 물체가 광속에 가깝게 운동할수록 커집니다. 그렇기 때문에 상대론의 효과가 어느 정도인지 나타내는 지표로도 쓰입니다. 빛에 가까운 속도로 이동하는 세계에서는 정지해 있는 세계에 비해 시간이 느려지고 물체의 길이가 짧아집니다. 로런츠 수식에서는 v에 광속의 몇 퍼센트인지를 대입하면, 상대론적 효과가 얼마나 나타나는지 계산할 수 있습니다. 이런 기이한 상대론의 세계를 가볍게 체험할 수 있다는 점이 이 수식의 매력입니다.

로런츠 변환의 관련식

로런츠 인자

$$\gamma = \frac{1}{\sqrt{1-\dfrac{v^2}{c^2}}}$$

$$dt' = dt/\gamma$$

시간 지연을 나타내는 관련식

$$dx' = dx/\gamma$$

물체의 길이가 줄어드는 관련식

③ 빛의 수식

로런츠 변환식은 사실 1897년에 로런츠보다 앞서 아일랜드의 조지프 라머(Joseph Larmor)가 혼자서 고안했다 합니다. 로런츠는 1899년에 아이디어를 떠올리고 1904년에 완성했습니다. '기적의 해'로 불리는 1905년에 특수상대성 이론이 탄생했음을 생각하면, 과학의 발견도 타이밍이 얼마나 중요한지 새삼 느끼게 됩니다.

아인슈타인은 실로 적절한 타이밍에 이 변환식과 만났습니다. 수식을 만든 사람은 왜 이런 식이 나오는지 몰랐고, 그 증명은 결국 다른 사람이 한 꼴입니다. 아인슈타인은 이 수식을 에너지 변환식으로 만들어 오늘날의 특수상대성 이론을 거의 완성했습니다. 로런츠가 그 앞길을 탄탄히 닦아두지 않았다면 상대론은 그토록 짧은 기간에 완성되지 못했을 겁니다.

№ 3

테넷의 세계로 초대합니다
민코프스키의 시공 세계

상대성 이론에 따르면 고전적인 물리와 달리 공간과 시간은 독립적이지 않습니다. 그러면 더 이상 한 사건을 공간과 시간 따로 나타낼 것이 아니라 한 번에 나타내어야 합니다. 이 시공간이 결합된 세계를 설명하는 것이 바로 '민코프스키 메트릭'입니다. 1907년 독일의 수학자 헤르만 민코프스키(Hermann Minkowski)는 스위스 취리히에 있는 연방공과대학의 수학 교수였습니다.

아인슈타인은 취리히 연방공과대학에서 민코프스키의 강의를 들었습니다. 그러나 실제로 수강 신청만 하고 거의 수업을 듣지 않았습니다. 민코프스키가 아인슈타인을 '게으름뱅이'라고 불렀다는 흥미로운 일화도 전해집니다.

이후 민코프스키는 독일로 대학을 옮깁니다. 이때 아인슈타

"수학은 모든 종류의 추상적 개념을 다루는 데
적합한 도구다. 이 분야에서 수학의 위력에는 한계가 없다."
— 폴 디랙

인의 논문을 보고 자신의 생각과 거의 같다는 것을 알게 됩니다. 민코프스키는 1908년 「공간과 시간」이라는 논문을 발표하는데 여기에서 그는 시공간 도표를 제시하고 세계점, 세계선, 시간적 간격, 공간적 간격 등의 용어를 정리합니다.

1905년 천재 아인슈타인에 의해 태어난 새로운 '빛의 세계'는 수학적으로 정비가 덜 된 상태였는데, 1907년 민코프스키가 시공이라는 개념을 수학적으로 기술한 후에 완벽한 이론으로 재탄생했습니다. 당시의 흥분을 민코프스키는 이렇게 말하고 있습니다.

"시공이라는 새로운 개념, 얼마나 품격 있고 혁명적인가. 이로써 공간과 시간이 따로 존재한다는 지금까지의 개념은 과거의 유물이 되었다."

'시공'의 개념을 처음 만들다

그때까지는 시간과 공간은 전혀 다른 개념으로 수식에서 서로 바뀌는 일은 결코 없습니다. 시간과 공간을 따로 다루면 빛의 속도인 '광속도'는 측정하는 사람의 운동에 따라 변화합니다. 앞에서 설명한 광속도로 달리는 전철에 탄 사람이 불을 켰다고 해봅시다. 그 불에서 나온 빛을 밖에 멈춰 있는 사람이 관찰하면, 그 빛은 광속도가 아니라 광속도의 2배 속도가 됩니다.

[그러나 상대성 이론에 따르면 시간과 공간은 분리되어 있지 않고 하나의 시공간으로 엮여 있습니다. 따라서 속도도 단순히 덧셈으로 더해지지 않지요. 이때 로런츠 변환이라는 새로운 변환 도구를 써야 합니다. 그 결과 그 어떤 속도로 움직이는 관측자라 하더라도 빛의 속도는 항상 c로 일정하게 관측되는 마법이 벌어집니다. — 감수자 해설]

민코프스키의 시공간은 시간과 공간을 따로 보지 않고 통일체로 봅니다. 바로 '4차원의 세계'입니다. 그는 처음에는 전자기학의 맥스웰 방정식에 어울리는 배경을 만들고자 연구를 시작했으나, 특수상대성 이론이 알려지면서 자신의 연구가 특수상대성 이론을 가장 잘 설명한다는 것을 깨달았습니다.

아인슈타인이 만든 상대론을 건물에 비유한다면 로런츠 변환식은 그 건물의 '기둥'에 해당하고, 민코프스키가 만든 '시공'이라는 개념은 '토대'에 해당합니다. 시간과 공간을 합친 '시공'이라는 개념은 우리가 머리로는 이해할 수는 있어도 그릴 수는 없습니다. 왜일까요? 우리는 3차원에 살고 있기 때문입니다. 그렇다면 4차원은 어떻게 그릴 수 있을까요? 수학적으로는 가능합니다. 민코프스키는 시공 세계를 이렇게 수학적으로 설명합니다.

$$ds^2 = -c^2dt^2 + dx^2 + dy^2 + dz^2$$

민코프스키의 시공 세계

   민코프스키가 만든 '시공'이 왜 아인슈타인의 상대성 이론의 토대가 되는지 살펴보겠습니다. 아인슈타인은 '광속도가 변하는 물리관'은 이상하다고 여겼습니다. 그래서 오히려 반대로 "광속도는 누가 관측해도 변하지 않는다"라는 광속도 불변의 원리를 생각해냈습니다. 그는 이렇게 대담한 역발상에서 출발해 기존의 모든 물리 개념을 완전히 새롭게 다시 세우는 혁신을 이루었습니다.

$$ds^2 = 0$$

광속도 불변의 조건식

민코프스키의 시공 세계

[민코프스키의 시공 메트릭은 여러 가지 기본 전제를 가지고 있습니다. 첫째, 공간의 3차원과 시간의 1차원을 묶어 하나의 4차원 시공간으로 구성합니다. 과거에는 시간과 공간을 별개의 개념으로 여겼지만, 민코프스키는 이를 하나의 통합된 무대로 제시했습니다. 둘째, 이 시공간에서는 모든 관측자에게 빛의 속도가 동일하게 측정됩니다. 그 이유는 빛의 속도가 이 우주의 기본 단위이며, 공간과 시간의 변환 과정에서도 변하지 않는 절대 상수로 설정돼 있기 때문입니다. 셋째, 이렇게 통합된 시공간 속에서는 시간과 공간이 절대적이지 않고, 관측자의 운동 상태에 따라 상대적으로 변합니다. 우리가 앞에서 살펴본 시간 팽창과 길이 수축 현상은 바로 이 원리의 자연스러운 결과입니다. 달리 말하면, 정지해 있는 사람과 빠르게 움직이는 사람은 서로 다른 '시간의 흐름'과 '거리의 길이'를 경험합니다.

민코프스키 시공간은 관측자의 운동 방향에 따른 좌표계의 기울기, 빛원뿔의 기하학적 구조, 세계선의 개념 등 상대성 이론을 시각적이고 수학적으로 풀어내는 데 필수적인 언어를 제공합니다. 결국 민코프스키의 시공간 개념은 아인슈타인의 상대성 이론을 아름답게 뒷받침해주는 기하학적 무대이자, 그 자체로 '시공간의 구조'를 이해하는 열쇠라 할 수 있습니다. 우리가 경험하는 물리 법칙이 어디서나 동일하고, 빛의 속도가 항상 일정하게 관측되는 이유 또한 민코프스키의 시공간 때문입니다.
― 감수자 해설]

세계선들로 이루어진 상대성 이론의 세계

[고전 물리학에서는 시간과 공간이 절대적인 배경으로 존재하며 과거, 현재, 미래가 하나의 일직선 위에 나란히 놓인 것처럼 여겨졌습니다. 그러나 아인슈타인의 상대성 이론에 따르면 그런 절대적 시공간은 존재하지 않습니다. 시공의 세계에서는 '지금 이 순간'조차도 보는 사람의 운동 상태에 따라 다르게 정의되며, 기하학적으로 표현하면 과거, 현재, 미래는 선이 아니라 원뿔의 형태를 이루며 펼쳐집니다. 이것을 '빛원뿔(light cone)'이라고 부릅니다.

원뿔의 꼭짓점은 지금 이 순간, 바로 그 사건의 위치를 나타내며 원뿔의 내부는 그 사건으로부터 도달할 수 있는 미래, 또는 그 사건에 영향을 준 과거를 나타냅니다. 질량을 가진 입자들은 절대 빛보다 빠르게 움직일 수 없으므로 언제나 이 원뿔 내부를 따라 이동합니다. 그 입자가 시공간 속에서 남긴 '궤적'이 바로 세계선(world-line)입니다. 다시 말해 한 입자는 시공간 위에 수많은 원뿔을 지나며 점과 점을 연결하는 선을 그립니다. 그 선 위에는 입자의 과거, 현재, 미래가 모두 담겼으며, 그것이 민코프스키가 말한 바로 그 '세계선'입니다. 우리는 이 세계선을 통해 물질의 움직임과 사건의 연속성을 시공간의 언어로 이해할 수 있습니다. - 감수자 해설]

민코프스키의 시공을 '민코프스키 메트릭'이라고 하는데, 메트릭은 물리학과 수학에서 시공간의 거리와 시간 간격을 측정하는 방법을 의미합니다. 다른 말로 '계량'이라고 할 수 있습니다. 앞에서 말한 '세계선' 위에 2개의 지점을 정하면 이 두 지점의 시간 간격을 계산할 수 있습니다. 계량은 앞에 나왔던 슈바르츠실트의 해처럼 피타고라스 정리와 비슷한 형태를 취합니다.

민코프스키의 세계선 개념은 이후 여러 SF 영화에서 차용됩니다. 〈인터스텔라〉〈테넷〉과 같은 영화를 이해하기 위해서는 민코프스키의 세계선이라는 개념이 필요합니다.

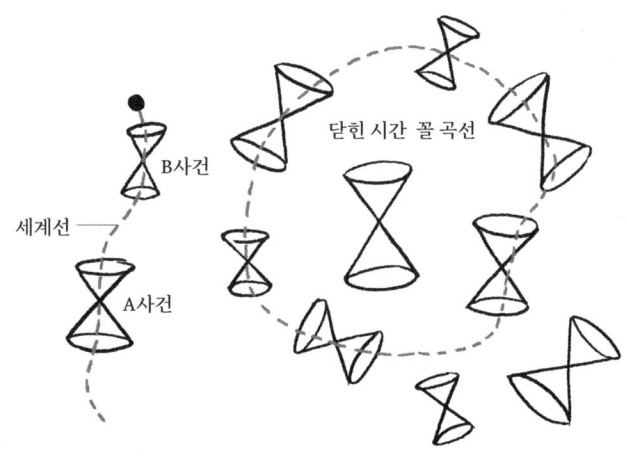

민코프스키 시공간 원뿔 그림과 세계선

"수학을 모르는 사람이 자연의 아름다움,
아주 깊은 아름다움을 맛보기는 매우 어렵다."
— 블레즈 파스칼

№ 4

전기는 사실 빛이다

로런츠 힘의 공식

　　　　　우리는 상대성 이론의 세계를 설명하는 수식들을 접하고 있습니다. 이 세계에서 빛은 실로 자연의 왕과 같은 존재입니다. 빛을 주인공으로 하는 상대성 이론은 전자기학과 뗄려야 뗄 수 없는 관계입니다. 왜냐하면 전자기의 본질이 바로 '빛'이기 때문입니다. 이 사실은 전자기학이 최종 단계에 도달한 20세기 초에 밝혀졌습니다.

　우리는 이미 자연에 존재하는 4대 힘이 전자기력, 강력, 약력, 중력이라고 알고 있습니다. 전자기력은 전기력과 자기력을 통칭하는 말입니다. 전자기학은 정전기로 대표되는 전기장과 자석이 만든 자기장 등에 관련된 모든 현상을 연구하는 학문이었습니다. 여기에 '빛'이 포함되면서 빛은 전기와 자기를 전파하므로 '전자파'라고 불립니다. 이제 전자기학은 전기, 자기, 그리고 빛이라는 세 가지 현상이 어우러진 학문입니다.

정전기부터 조명까지, 우리의 일상을 지배한다

본격적으로 전자기에 대해 알아보겠습니다. 고대 그리스 사람들은 '호박'이라는 황색 물체를 문지르면 거기에 물건이 달라붙는다는 사실을 알아챘습니다. 이 이상한 현상에서 유래하여, 호박을 뜻하는 라틴어 '엘렉트룸(electrum)'에서 현재의 전기(electric)라는 단어가 나오게 되었습니다.

전자기는 우리 일상에서 매우 쉽게 관찰할 수 있습니다. 옷에 쉽게 생기는 정전기, 에디슨이 발명한 빛나는 조명도 모두 전자기입니다. MRI, 발전소, 변압기, 전자레인지나 휴대전화도 넓게 보면 전자기의 세계입니다. 컴퓨터를 비롯한 전자 제품은 물론, 번개 현상이나 우리의 인체 역시 항상 전기를 띤 물체로 볼 수 있습니다.

전자기의 주인공은 '전하'입니다. 전하는 '물체가 띠고 있는 전기의 양'을 뜻하며, 쿨롬(coulomb)이라는 단위로 측정합니다. 이 전하량은 기호로 q를 쓰고 플러스와 마이너스가 있습니다.

플러스 전하에 플러스를 가까이 하면 멀어지고, 마이너스 전하를 가까이 대면 달라붙습니다. 우리가 자석을 통해 이미 알고 있는 힘이지요. 그러면 이 힘을 구하는 수식은 무엇일까요? 바로 '로런츠 힘의 공식'입니다.

$$F = q(E + v \times B)$$

로런츠 힘의 공식

[이 수식에서 q는 입자의 전하량, E는 전기장(전기력이 발생하는 원인), v는 입자의 속도인 벡터, B는 자기장, $v \times B$는 속도 벡터와 자기장의 벡터곱을 말합니다. 즉 이 수식은 '전자기장 속에서 전하 q 입자가 받는 힘'을 나타냅니다. 전자기의 힘은 크게 두 가지로 나뉩니다. 전기의 힘과 자기의 힘인데, 이 수식의 첫 번째 항과 두 번째 항에 나뉘어 나타나고 있습니다.

첫 번째 항 qE : 입자가 받는 전기력, 정지해 있는 입자도 전기장 속에 있으면 전기력을 받는다.

두 번째 항 $q(v \times B)$: 입자가 받는 자기력, 입자가 속도를 가지고 자기장 속을 움직이면 자기력이라는 힘을 받는다.

즉, 두 가지 항은 전기장 속에 입자가 있을 때 전기력이라는 힘을 받고 자기장 속에서 움직일 때 자기력이라는 힘을 받게 되는 것을 나타냅니다. 또한 입자가 전기력과 자기력의 지배를 동시에 받게 된다는 전자기력의 기본 원리를 보여줍니다. — 감수자 해설]

이 수식은 어떤 현상을 나타낼까요. 예를 들어 금속 막대를 자기장 속에 놓습니다. 그리고 막대에 전류를 흐르게 하면 막대가 갑자기 제멋대로 움직입니다. 어떤 힘을 받고 움직임을 일으킨 것이지요. 이때 막대가 어떤 힘을 받는지를 구하는 것이 바로 이 수식입니다.

플레밍의 왼손 법칙을 기억하자

우리 주변의 수많은 전자 제품의 회로 속에서 전하가 로런츠 힘을 받아 열심히 일하고 있을 것입니다. 이 수식은 사실 우리가 이미 아주 익숙하게 알고 있는 과학 상식과 연결됩니다. 바로 '플레밍의 왼손 법칙'입니다. 어떤 예능 프로그램에서 "플레밍의 왼손 법칙이 무엇인가요?"라는 퀴즈가 나온 적이 있었는데, 한 출연자가 "모든 일에는 세 가지 선택지가 있다"라는 엉뚱한 답을 말해 폭소를 터뜨렸던 일이 있었습니다. 그런데 이 답변에는 플레밍 법칙의 본질을 보여주는 측면이 있기도 합니다.

로런츠 힘의 공식

영국의 물리학자인 존 플레밍(John Fleming)은 1885년에 전류, 자기장, 도선의 운동에 관한 법칙을 발표했습니다. 플레밍의 법칙에는 오른손 법칙과 왼손 법칙 두 가지가 있습니다. 이 중 왼손 법칙에 대해서만 설명하겠습니다. 과학 시간에 배운 아래와 같은 손 모양을 기억하나요?

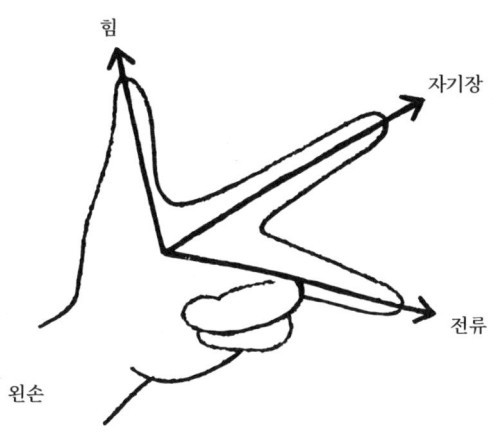

플레밍의 왼손 법칙

먼저 왼손의 엄지, 검지, 중지를 서로 직각이 되도록 펼칩니다. 이 중 중지는 전류의 방향, 즉 정전하의 속도 방향을 알려줍니다. 검지는 자기장의 방향을 알려줍니다. 마지막으로 엄지는 힘의 방향을 가리킵니다. 여기서 핵심은 '엄지'입니다. 이 엄지가 도체가 받는 힘의 방향, 바로 '로런츠의 힘'입니다. 각각의 손가락이 가리키는 바를 한 글자씩 따면 '전·자·력(힘)'이 됩니다.

이 법칙을 이용하면 자기장과 전류의 방향을 알고 있을 때 도체가 받는 힘의 방향을 예측할 수 있습니다. 이 법칙으로 장난감 기차가 어떻게 움직이는지, 나침반이 어떻게 회전하는지 등을 설명할 수 있죠. 로런츠 힘의 공식에서 우변의 두 번째 항이 바로 플레밍의 왼손 법칙을 말하고 있습니다.

그런데 플레밍의 법칙에서는 왜 세 손가락을 사용할까요? 그건 우리가 사는 공간이 3차원이라는 사실에 기반하고 있기 때문입니다. 즉, '독립한 세 방향이 존재한다'는 것이 플레밍의 법칙에서 아주 중요한 토대입니다.

여기에서 '벡터'라는 개념이 등장합니다. 앞에서 아인슈타인의 방정식에 대해 배울 때 벡터란 '크기와 방향이 있는 양'이라고 배웠습니다. 전자기학에서 벡터는 매우 중요합니다. 왜냐하면 벡터는 어떤 방향을 나타낼 때 쓰이는데, 플레밍의 법칙에서 보듯이 전자기학에서는 방향이 중요하기 때문이죠.

벡터를 더하거나 빼거나, 나누거나 곱할 때는 어떻게 해야 할까요? 덧셈과 뺄셈까지는 비교적 어렵지 않지만 곱셈은 두 가지 경우가 있습니다. '벡터 나눗셈'은 존재하지 않습니다. 여기에서는 벡터의 사칙 연산 중 곱셈에 대해서만 살펴보겠습니다.

곱셈에는 두 가지 경우가 있다고 했습니다. 두 벡터 A와 B를 곱해서 숫자가 나오는 경우와, 다른 벡터 C가 나오는 경우가 있습니다. 전자를 내적, 후자를 외적이라고 합니다. 내적은 $A \cdot B$처럼 가운데에 점을 찍고, 외적은 $A \times B (= C)$처럼 보통 곱셈 기호를 씁니다.

로런츠의 힘의 공식 제2항의 $F = v \times B$는 벡터적으로 크기와 방향을 모두 포함해 표현하고 있습니다. 일반적으로 곱셈에서는 × 기호를 자주 생략하는데, 벡터의 외적 계산에서는 생략하면 안 됩니다.

벡터의 외적에서도 두 벡터의 외적은 3차원 공간에서 두 벡터에 수직인 새로운 벡터를 생성합니다. 감이 오나요? 맞습니다. '수직인 새로운 벡터'라는 말에서 짐작할 수 있듯이, 이 새로운 벡터 C의 방향이 A, B와 어떤 관계인지 입체적으로 이해하도록 도와주는 도구가 바로 앞에서 살펴본 플레밍의 왼손 법칙입니다.

여기까지 로런츠의 힘의 공식이 플레밍의 왼손 법칙을 어떻게 표현하고 있는지 살펴보았습니다. 로런츠는 앞에서 말한 대로 특수상대성 이론 발견에 크나큰 계기가 된 인물입니다. 그뿐만 아니라 원래 그의 주된 연구 분야는 전자기학으로, 맥스웰과 함께 전자기학의 주역으로도 평가받습니다. 로런츠 힘 역시 그의 대단한 업적 중 하나입니다. 로런츠는 하전 입자의 진동에 의해 빛이 복사되는 현상을 연구해 1902년에 노벨상을 수상했지요.

"수학은 과학의 여왕이고 정수론은 수학의 여왕이다.
그 여왕은 겸손해서 종종 천문학이나
다른 자연과학에 도움을 주기도 한다."
— 카를 프리드리히 가우스(Carl Friedrich Gauss)

№ 5

전자기의 세계를 평정하다

맥스웰 방정식

　　　　　전자기학은 오래전부터 연구되었기에 지금까지 발견된 법칙이 매우 많습니다. 누군가 이 법칙 중 핵심만 뽑아 정리해준다면 얼마나 좋을까요. 결코 쉬운 일은 아니겠지요. 이 어려운 일을 해낸 사람이 바로 제임스 맥스웰입니다.

　맥스웰은 스코틀랜드 출신의 물리학자입니다. 그는 어린 시절부터 천재성을 보였습니다. 불과 열네 살에 첫 논문을 썼고, 열여섯에는 영국 북부에 있는 에든버러대학교에 진학했다가 이후 케임브리지대학교의 물리학 명문, 트리니티 칼리지로 거처를 옮겼습니다. 맥스웰은 뉴턴 못지않게 케임브리지를 대표하는 유명인입니다. 예전에 케임브리지에 머물렀을 때 그가 사용했던 책상이 전시된 것을 본 적이 있습니다. 평범한 나무 책상이었지만 유명한 학자가 썼다고 생각하니 흠집 하나하나도 비범

하게 느껴졌습니다.

많은 과학자들이 괴팍한 성격의 소유자로 알려져 있지만, 맥스웰은 선량하고 밝은 인품으로 많은 미담을 남겼습니다. 고등교육을 받지 못한 노동자들을 위해 야간 학교 강사로 무보수로 활동하기도 했고, 자비로 마을 주민들을 위해 학교와 교회를 세우기도 했습니다.

이런 선량한 성품의 소유자이면서 천재였던 맥스웰은 전자기만이 아니라 다양한 분야를 연구했습니다. 열역학의 '맥스웰의 악마'나 기체 분자 운동론의 '맥스웰-볼츠만 분포'도 그의 업적입니다. 무지개에 대한 연구를 하고 토성의 고리도 연구하는 등 폭넓은 분야에 흥미가 있었습니다.

이렇듯 다재다능한 물리학자이고 위대한 업적을 많이 남긴 인물이지만 맥스웰은 노벨상은 받지 못했습니다. 그도 그럴 것이 노벨상은 알프레드 노벨(Alfred Nobel)의 유언에 따라 1901년에 시작됐고, 맥스웰은 1879년에 세상을 떠났기 때문입니다.

노벨상이 조금이라도 빨리 제정됐더라면, 틀림없이 맥스웰이 처음으로 상을 받았을 겁니다. 참고로 첫 번째 노벨 물리학상은 뢴트겐 단위로 유명한 빌헬름 뢴트겐(Wilhelm Röntgen)이 받았습니다. 두 번째는 로런츠와 그의 제자 피터르 제이만(Pieter Zeeman)이 받았습니다.

맥스웰은 여러 전기 및 자기 현상들을 통합해 하나의 일관된 이론으로 정제했습니다. 마치 다양한 원산지의 커피콩을 수확

하고 정제하고 볶아 최상의 커피를 만들어내는 뛰어난 바리스타 같은 일을 한 것이죠.

이렇게 말하고 보니 맥스웰이 카페에서 바리스타로 일하고 있는 풍경이 떠오르네요. 우리가 만약 '맥스웰 커피숍'에 있다고 생각해봅시다. 향기로운 커피 향이 감도는 가게 안에서 바리스타가 테이블 위의 냅킨에 수식을 써내려갑니다. 그는 이미 손님들을 사로잡고 흥미로운 이야기를 풀어놓습니다. 그러다 손님 한 명이 '앗' 하며 커피를 테이블에 쏟았습니다. 그러나 바리스타는 전혀 당황하지 않고 신사적인 태도로 테이블을 깨끗이 닦으며 한마디를 내뱉습니다.

"어떤 악마가 한 녀석 있는데요."

손님들의 이목을 집중시키면서 그는 천천히 이야기를 이어갑니다.

"맥스웰의 악마라 불리는 그 녀석은 방금 쏟아진 커피를 자연스레 다시 이 컵에 담을 수 있습니다."

이 이야기는 뒤에 나오는 '엔트로피 증가의 법칙'에서 연결될 것입니다. 여기에서는 고전 전자기학에서의 그의 성과를 살펴보겠습니다.

$$\nabla \cdot E = \frac{\rho}{\varepsilon}$$

$$\nabla \cdot B = 0$$

$$\nabla \times E = -\frac{\partial B}{\partial t}$$

$$c^2 \nabla \times B = \frac{\partial E}{\partial t} + \frac{j}{\varepsilon}$$

맥스웰 방정식

천하를 단 4개의 식으로 통일하다

맥스웰 방정식은 전자기학의 수많은 법칙 중 단 네 가지만 가려내어 하나로 깔끔하게 정리합니다. 맥스웰 방정식에 담긴 네 가지 기초 방정식은 모두 전기장 E와 자기장 B가 어떻게 변하는지 나타내는, 전자기장에 관한 '장 방정식'입니다.

이 수식에서 •는 '닷'으로, ε는 '엡실론'으로 읽습니다. E는 전기장을, B는 자기장을 뜻합니다. 앞에서 전기장과 자기장 속에 있는 물체가 받는 힘을 '로런츠 힘의 공식'이라는 수식으로 살펴본 바 있습니다. 이제 맥스웰 방정식은 전자기장이 실제로 어떻게 생성되는지를 나타냅니다.

맥스웰 방정식은 전기장 E와 자기장 B가 서로 영향을 주며 생성됨을 의미합니다. 전기장의 변화는 자기장을 생성하고, 자기장의 변화는 전기장을 생성합니다.

맥스웰은 왜 이 네 가지 기초 방정식을 정리했을까요? 전자기학은 중력에 이어 아주 먼 옛날부터 발견된 자연 현상입니다. 정전기나 벼락 등 일상에 접할 수 있는 예시는 무수히 많아 일일이 셀 수 없을 정도입니다. 그만큼 긴 역사를 자랑하는 전자기학은 19세기쯤 되자 그간 개별적으로 발견된 무수한 법칙이 난립하면서, 각기 다른 발견자의 이름이 붙은 'OOO의 법칙'이라 불렸습니다.

이런 난세에 맥스웰이 등장해 수많은 현상을 설명하는 법칙

중에서 가장 중요한 네 가지를 선정했습니다. 식이 네 가지나 되지만 한 덩어리로 묶어 맥스웰 방정식이라고 부릅니다. 넷도 많다고 생각될지 모르겠습니다만, 지금까지 존재했던 수많은 전자기 법칙을 단 네 가지로 정리한 건 정말 대단한 업적입니다. 이제부터 본격적으로 그 네 가지 식을 하나하나 살펴보겠습니다.

1. 전기장의 가우스 법칙

$$\nabla \cdot E = \frac{\rho}{\varepsilon}$$

이 법칙은 위대한 수학자, 가우스에서 유래했습니다. ε은 전기상수라고 불리는 상수입니다. 전기장과 관련된 상수로, 진공에서 전기장이 어떻게 형성되고 작용하는지를 설명하는 물리적 상수입니다. 전기장의 가우스 법칙은 대략 '어느 전하 주위에 어떤 전기장이 생기는가'를 나타냅니다.

2. 자기장의 가우스 법칙

$$\nabla \cdot B = 0$$

이 식은 1번 식의 자기장 버전인데 우변이 0이라는 점에 큰 차이를 보입니다. 금속 같은 물체는 플러스 전하만 갖거나 또는 마이너스 전하만 단독으로 가질 수 있죠. 하지만 자기장은 이와 다릅니다. 자석을 보면 알 수 있듯, 항상 N과 S가 양 끝에 존재해 어느 한쪽만 떼어낼 수 없죠. 이는 자기장 B의 매우 중요한 성질입니다. 즉, 자기장에는 자기 현상을 만드는 '자하(磁荷)'가 존재하지 않습니다. 간단히 말해 '단독으로 N이나 S만으로는 자기장을 만들 수 없다'는 뜻입니다.

3. 패러데이 법칙

$$\nabla \times E = -\frac{\partial B}{\partial t}$$

전자기 유도 현상을 설명하는 수식입니다. 전자기 유도란 감긴 코일에 막대자석을 가져다 댔을 때, 코일에 전류가 발생하는 현상을 말합니다. 고등학교에서 반드시 하는 실험 중 하나죠. 이 실험을 통해 우리는 '자기장의 시간 변화에 따라 어떤 전기장이 만들어지는가'를 관찰하게 됩니다. 이 수식에는 벡터의 외적이 사용됩니다. 수식을 보니 '좌변의 회전하는 전기장이 우변 자기장의 시간 변화에 의해 생긴다'는 설명이 떠오릅니다. '회전하다'란 '$\nabla \times$'가 공간의 회전에 관여하기 때문입니다. 즉, 이 수식은 어떤 모양의 전기장이 생기는지 설명하고 있습니다.

4. 앙페르 법칙

$$c^2 \nabla \times B = \frac{\partial E}{\partial t} + \frac{j}{\varepsilon}$$

이 식은 3번 식과 반대로 '시간에 따라 변하는 전기장에 의해 어떤 자기장이 생기는가'를 서술합니다. 예를 들어 금속 막대에 전류를 흐르게 하고, 그 주변에 어떤 자기장이 생기는지 실험하면 이 현상을 확인할 수 있습니다. 이 수식은 '회전하는 자기장이 전류밀도 j와 전기장의 시간 변화에 의해 생긴다'라는 의미를 나타냅니다. 혹시 눈치채셨나요? 전기장과 자기장에서 어쩐지 비슷한 문자가 서로 뒤바뀌고 있습니다. 자기장이란 전자의 운동에 의해 생기고, 운동이 끝나면 사라져버리는 그림자 같은 존재입니다. 2번 식에서 보았듯이 '자기 유도 현상이 존재하지 않는다'라는 사실과 관련이 있습니다. 결국 '자기장은 전자 운동의 그림자'라는 개념만 전해지면 그걸로 충분합니다.

이 네 가지 기초 방정식이 맥스웰 방정식의 내용입니다. 중력파의 파동 방정식을 기억하시나요? 그때 $h_{\alpha\beta}$에 전기장 E와 자기장 B를 대입하면, 전자기파의 파동 방정식이 됩니다. 이때도 속도는 변함없이 광속도 c임을 알 수 있습니다. 이는 전자기장의 본질이 곧 '빛'이라는 사실을 의미합니다. 그래서 우리는 빛을 전자파라고도 부릅니다.

단, 이런 설명은 꽤 후대에 들어서야 가능해졌습니다. 당시의 맥스웰과 로런츠는 여기까지는 발견하지 못했습니다. 만약 여기까지 알았다면 로런츠는 자신의 변환식이 광속도에 관한 식임을 바로 알아차렸을 겁니다. 그랬다면 우리는 '아인슈타인의 상대성 이론'이 아니라 '로런츠의 상대성 이론'을 배웠을지도 모를 일입니다.

배후 조종자는 '빛'입니다

이 수식의 매력은 전자기학의 오랜 역사가 4개의 식으로 깔끔하게 정리됐다는 점만은 아닙니다. 맥스웰 방정식의 진짜 의미는 따로 있습니다.

이 4개의 수식은 우리가 일상에서 경험하는 수많은 자연 현상들의 원인을 전기장과 자기장으로 설명하는 듯 보입니다. 하지만 사실 전기장과 자기장은 '진짜 원인'이 아닙니다. 마치 드러난 용의자는 두 명인데, 진범은 따로 있는 상황과도 같습니다. "어이, 이제 그만 자백해! 당신들이 손잡고 일으킨 범행이었다는 증거가 다 드러났거든. 그런데 너희 뒤에 조종하는 녀석이 따로 있지? 그놈의 이름을 말해! 범인을 먼저 말하는 사람은 석방해주겠어!"라고 협박한다고 상상해봅시다.

이때 더 이상 버틸 수 없었던 자기장이 조용히 손을 듭니다. "사실, 진범은 빛입니다." 자기장은 떳떳하게 석방되어 모습을 감추고, 전기장은 혼자 감옥에 갇히고 맙니다.

자, 맥스웰 방정식이 말하는 전자기학 현상의 진범은 빛입니다. 네 가지 수식의 겉모습 어디에도 '빛'은 등장하지 않지만, 엄밀히 말하면 전자기 현상은 빛이 배후 조종자가 되어 전기장과 자기장이 함께 짠 세계입니다.

인류는 20세기가 되어서야 이 사실을 알아냈습니다. 마치 수수께끼처럼 이 수식의 암호를 풀면 '빛에 의해 전파되는 전자기력', 즉 전자파라는 빛의 정체를 알게 됩니다. 오른쪽 그림은 전자파, 빛의 모습을 시각화한 것입니다. 빛이 앞으로 나아가면 진행 방향과 수직으로 전기장과 자기장의 두 가지 성분이 번갈아 물결치듯이 생성됩니다.

전자기학은 전기와 자기 현상을 통합한 데에서 그치지 않습니다. 전자기학은 전자기 현상을 뛰어넘어 전자파 복사, 기하 광학 등의 광학으로 발전하는 초석이 되었습니다. 바로 빛의 역할이죠.

로런츠와 아인슈타인은 맥스웰의 식들이 '빛의 본질'을 설명한다는 것을 깨달은 것이고, 이로 인해 훗날 상대성 이론이 탄생하게 된 것입니다. 물론 진범인 빛의 정체를 알아낸 사람은 아인슈타인입니다. 그는 상대성 이론을 발표해 세상에 대혁명을 일으켰죠. 더 나아가 빛이 광자라는 소립자 알갱이로 이루어졌다는 사실을 밝혀내며, 양자론의 서막도 열었습니다.

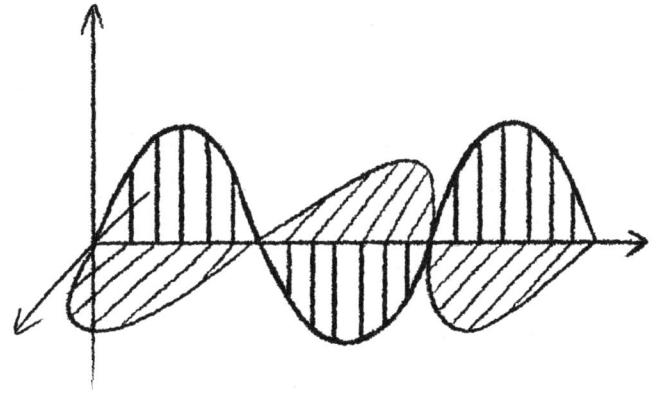

전기장과 자기장이 광자의 이동으로 생성되는 모습

③ 빛의 수식

맥스웰 방정식이라는 문이 어떻게 광학, 상대론, 양자론이라는 또 다른 문으로 이어지는지를 간략하게만 설명하겠습니다.

맥스웰 방정식을 완전히 상대론 버전으로 바꾼 4차원 형식의 방정식도 존재합니다. 이 식은 맥스웰 방정식의 1번과 4번 식을 통합한 형태로 2번, 3번 식은 자동으로 만족하게 됩니다. 그러므로 본질적으로 2번, 3번 식은 따로 표현할 필요 없이 '맥스웰 방정식이 하나의 통합된 식으로 표현되었다'고 할 수 있죠. 아래와 같은 식입니다.

이 통합 수식에서 좌변의 F 안에는 전기장 E와 자기장 B가 들

$$\partial_\mu F^{\mu\nu} = -\mu j^\nu$$

맥스웰 방정식 4개를 1개로 통합한 식

어 있어 4차원 텐서가 됩니다. 이를 '전자기장 텐서'라고도 합니다. 앞에서 살펴본 표준 모형 수식 중 전자기 부분에 등장한 $B^{\mu\nu}$는 이 $F^{\mu\nu}$를 뜻합니다.

[이 한 줄의 간결한 텐서 방정식에는 우리가 알고 있는 전기장과 자기장, 그리고 그 둘의 상호 작용에 대한 모든 이야기가 담겨 있습니다. 우주에 존재하는 입자들이 살아가는 방식을 모두 담고 있는 한 줄짜리 시(詩)라고 볼 수 있습니다. 이렇게 4차원으로 통합된 간결한 멕스웰 방정식은 자연의 아름다운 대칭성과 보편성을 보여주는 시적인 사례라고 할 수 있습니다. - 감수자 해설]

"왜 숫자는 아름다운가.

이 질문은 베토벤 9번 교향곡이 왜 아름다운가와 같다.

당신이 이유를 알 수 없다면 남들도 말해줄 수 없다."

— 에르되시 팔(Erodös Pál)

№ 6

소수의 신비로움
미세 구조 상수의 공식

이제 전자기력 세계의 마지막 수식과 개념으로 '미세 구조 상수의 공식'을 살펴보겠습니다. 미세 구조 상수는 전자기력의 세기를 결정하는 물리 상수입니다. 그런데 이름이 왜 이렇게 생겼느냐고요? 이 상수는 1916년 아르놀트 조머펠트(Arnold Sommerfeld)에 의해 발견됐습니다. 조머펠트는 원자 방출 스펙트럼에서 나타나는 '미세 구조'를 연구하던 중 이 상수를 발견했기에 이런 이름이 붙게 된 것입니다.

$$\alpha = \frac{e^2}{4\pi\varepsilon\hbar c} \simeq 1/137$$

미세 구조 상수의 공식

소수 137이 불러낸 신비주의

이 수식에서 h위에 선이 그어진 것이 보이지요? 바로 '플랑크 상수'입니다. 수식의 a가 미세 구조 상수를 가리키며 전자기 상호 작용의 크기를 결정합니다. a는 광속도 c와 기본 전하 e에 의해 정해지는데, 대략 137분의 1이라는 근사값이 나옵니다. 미세 구조 상수가 조금이라도 작으면 원자핵을 구성하는 강력과 약력의 균형이 무너져 원자의 형태를 유지할 수 없습니다.

137분의 1을 1로 해서 다른 힘의 크기를 상대적인 크기로 비교할 수도 있습니다. 어떻게 될까요? 전자기=1일 때 강력은 10^6, 약력은 10^{-4}, 그리고 중력은 10^{-36}일 정도가 됩니다. 중력이 가장 작은 힘이라는 걸 알 수 있습니다. 미세구조 상수는 세계를 움직이는 힘들의 밸런스를 담당하는 상수라고 하겠습니다.

이 수식의 매력은 근사치로 나타나는 137이라는 수에 있습니다. 137은 소수입니다. 소수는 불규칙적으로 분포하는데 어떤 패턴으로 등장하는지는 신비에 싸여 있습니다.

이야기가 잠깐 새지만, 소수 137에 깊은 매력을 느낀 물리학자 볼프강 파울리(Wolfgang Pauli)가 있습니다. 양자론의 '파울리의 배타 원리'로 유명한 사람이죠. 어떤 수에 매력을 느끼는지는 사람의 감수성에 따라 크게 다릅니다. 파울리의 집안은 유대계인데 소수 137의 신비성은 유대교의 신비주의 사상 카발라(Kabbalah)와 깊은 관계가 있습니다.

③ 빛의 수식

고대 이스라엘에서는 히브리어가 사용됐고 구약성서도 고대 히브리어로 쓰여 있습니다. 현재의 히브리어와는 달랐죠. 현대 히브리어는 후대 사람들이 이스라엘 건국 시 재구성한 것입니다.

어쨌든 히브리어는 문자와 숫자가 일대일로 대응하는 언어입니다. 알레프(Alef)가 1, 베트(Bet)가 2에 대응하고 요드(Yod)가 10입니다. 20은 카프(Kaf), 30은 라메드(Lamed), 코프(Qof)가 100입니다. 가장 큰 숫자는 400으로 타브(Tav)라 부릅니다. 파울리는 꿈 연구로 유명한 칼 구스타프 융(Carl Gustav Jung)과 친분이 깊었습니다. 융 외에도 다양한 분야의 연구자에게 자극을 받았는데, 그중 유대인 수학자 친구 게르쇼 숄렘(Gershom Scholem)에게서 카발라와 소수 137의 관계에 대해 듣습니다.

카발라를 히브리어로 표기하면 'QEBL'입니다. 이를 히브리어의 숫자로 변환하면 100+5+2+30으로 합이 137이 되죠. 이렇게 보면 소수 137의 신비성과 유대교의 신비주의 사상 카발라가 깊은 관계가 있습니다. 위대한 물리학자였던 파울리는 자신의 저서에도 쓸 정도로 평생 미세 구조 상수의 신비로움에 집착했습니다. 과학자라고 해서 오컬트의 세계에 무심한 건 아닌 것 같습니다.

오늘날에는 미세 구조 상수의 정확한 값이 137분의 1과 어긋났다는 사실이 알려져 있기 때문에, 이런 이야기가 큰 의미가 없을 겁니다. 그러나 이 값이 137과 관계없는 더 큰 수였다면 우리는 세상에 존재할 수 없었을 것입니다.

모두를 매료시킨 아름다운 상수

노벨상을 수상한 미국의 물리학자 파인먼도 이 상수의 매력에 사로잡힌 인물 중 하나입니다. 그는 이 수식의 본질인 전자가 가진 전하 e를 가리켜 "심오하고 아름다운 물음이 있다"고 했습니다. 또 신비의 수 '원주율'과 '자연로그의 네이피어 수(Napier's number)'처럼 세상을 지배하는 궁극적인 수와 대등하다고까지 생각했습니다.

파인먼은 뛰어난 직관력, 발상력으로 양자 전기 역학에 공헌한 인물입니다. 그는 엄청나게 난해한 계산을 어린아이도 이해할 수 있는 단순한 그림 기호로 바꿔 보여주었습니다. 수식을 기호화한 파인먼 다이어그램은 현재에도 소립자의 상호 작용을 기술할 때 필수 기법으로 쓰입니다.

조머펠트가 이 상수를 설정한 것은 수소 원자의 스펙트럼을 설명하기 위해서였습니다. 이 상수는 원자핵 주위를 도는 전자와 거기에서 방출된 빛과 관련이 있는 수식입니다. 즉, 그는 보어의 원자 모형을 확장해 양자론의 발판을 마련한 것입니다. 미세 구조 상수 수식 덕분에 처음으로 전자기학에 플랑크 상수가 더해져 양자론과 연결됩니다. 최종 형태로 완전히 양자화된 전자기력은 앞에서 나왔던 표준 모형 수식의 첫 번째 식으로 승격했습니다.

미세 구조 상수에 대한 이야기까지 왔으니, 드디어 현대 물리학의 초석이 모두 모인 셈입니다. 아인슈타인 방정식부터 소립자력인 강력과 약력이 모이고, 마지막으로 양자화된 전자기학식까지 모였습니다.

미세 구조 수식을 외워서 쓸 수 있다면 여러분은 우주를 지배하는 신과 대화를 나눌 수준이 된 것입니다. 이 수식 암기에 한 번 도전해보십시오. 어디선가 누군가 불쑥 나타나 "그대는 우주의 언어를 알고 있는가?" 하고 말을 걸지도 모릅니다.

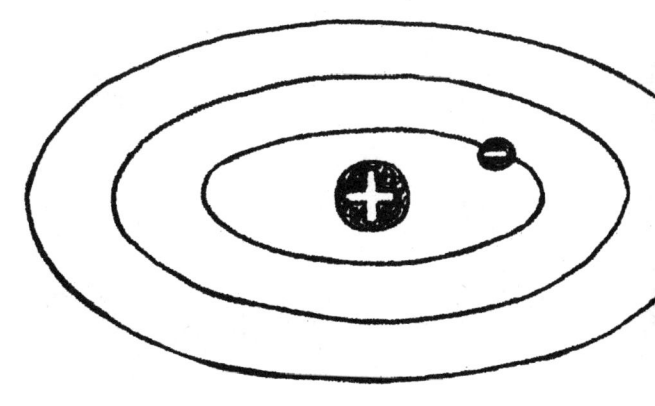

dS

4 현대 물리학과 수학의 4대 법칙

"자연의 법칙이란 신의 수학적 방법일 뿐이다."
— 유클리드(Euclid)

№ 1
시간은 되돌릴 수 있는가
엔트로피 증가 법칙

　지금까지 우리는 현대 물리학을 완성하고 있는 주요 수식을 살펴보았습니다. 그리고 이 수식을 우주의 수식, 소립자의 수식, 빛의 수식이라는 틀로 분류했습니다. 이 세 가지 분류에는 들어가지 않았지만 물리학과 수학에서 빼놓을 수 없는 중요한 네 가지 수식을 살펴보려 합니다. 엔트로피 증가의 법칙, 가우스 분포 공식, 오일러 등식, 무한급수 등식, 이 네 가지입니다. 맨 처음으로 살펴볼 것은 엔트로피 증가 법칙입니다.

모든 세계는 계속 균등해진다

　엔트로피 증가 법칙은 이 책에 실린 수식 중 가장 간단합니다.

④ 현대 물리학과 수학의 4대 법칙

$$dS \geq 0$$

엔트로피 증가 법칙

여기서 S는 엔트로피라는 양을 가리킵니다. 이 수식의 의미는 이름 그대로 '엔트로피가 증가하는 법칙'입니다. 도대체 엔트로피란 무엇일까요.

엔트로피는 물체의 열적 상태를 나타내는 물리량을 말합니다. 이를 제대로 설명하려면 책 한 권 이상의 분량이 필요하지만, 여기에서는 최대한 간략하게 설명해보겠습니다.

공이 굴러가는 운동을 예로 들어봅시다. 이때 공의 운동과 관련된 에너지만이 아니라 엄밀히 말해 널빤지와의 마찰에 의한 열 에너지도 발생하는데요. 용수철 운동도 마찬가지로 용수철이 움직이면서 약간의 열 상승이 존재합니다. 그러나 지금까지 역학에서는 열을 제대로 고려하지 않았습니다. '엔트로피'

라는 이름은 클라우지우스-클라페롱 방정식으로 유명한 독일의 물리학자 루돌프 클라우지우스(Rudolf Clausius)가 붙인 것입니다.

엔트로피는 열역학의 영역에서 나옵니다. 우선 '열이란 무엇인가'를 명확히 정의해봅시다. 열이란 '원자·분자와 같은 미세한 입자의 운동'을 말합니다. 이것을 열운동이라 하고 브라운 운동이라고도 합니다. 브라운 운동은 아인슈타인이 1905년에 발표해 노벨상을 안겨준 연구 주제입니다.

열을 이렇게 정의하면 결국 열역학은 미세한 입자의 행동의 가능성과 확률에 초점이 맞춰지게 됩니다. 그래서 등장한 것이 통계 역학이라는 과목입니다. 열역학은 우리 일상 세계와 분자, 그리고 양자론에서 다루는 소립자의 세계를 잇는 다리입니다.

열역학에는 여러 법칙이 있습니다. 열역학의 제0법칙은 '열평형의 법칙'으로 '어떤 계의 물체 A와 B가 열적 평형 상태에 있고, B와 C가 열적 평형 상태에 있으면, A와 C도 열평형 상태에 있다'는 것입니다. 열역학의 제1법칙은 '에너지 보존의 법칙'으로 '에너지가 다른 에너지로 전환될 때, 전환 전후의 에너지 총합은 항상 일정하게 보존된다'는 것입니다. 열역학의 제3법칙은 '절대온도(0 K, 즉 -273.15℃)에서 완전한 결정 구조를 가진 순수한 물질의 엔트로피는 0이다'라는 것입니다. 열역학 제2법칙이 '엔트로피 증가의 법칙'인데 '고립계에서는 엔트로피가 증가하는 현상만 일어나며 감소하지 않는다'는 것입니다.

④ 현대 물리학과 수학의 4대 법칙

시간을 되돌릴 수 없다는 것을 유일하게 증명하다

엔트로피 증가 현상은 우리 일상에서 너무나 쉽게 발견됩니다. 뜨거운 커피가 식는 현상, 커피에 우유를 부으면 퍼지는 현상, 커피가 잔에서 테이블로 쏟아지면 돌이킬 수 없는 현상… 이 모든 현상의 공통점은 '결코 원래 상태로 돌아가지 않는 일방통행'이라는 점입니다.

하나의 예를 들어 좀 더 정확하게 설명해보겠습니다. 우유와 커피를 같은 컵에 넣고 기다리면 이 두 가지가 섞여서 결국 '커피 우유'가 됩니다. 이를 수학적으로 표현하면 다음과 같습니다. "컵 안에 있는 모든 입자가 취할 수 있는 상태 중 '균등한 커피 우유'라 부를 수 있는 상태의 수가 압도적으로 많다." 이것은 우유 분자들이 컵 한구석에 뭉쳐 있는 경우와는 비교도 할 수 없을 정도로 극소수의 상태임을 가리킵니다. 따라서 전자를 엔트로피가 높은 상태, 후자를 엔트로피가 낮은 상태라 할 수 있습니다.

흔히 엔트로피를 '질서 있는 체계가 무질서해지는 체계'라고 설명하는 경우가 있는데, 엄밀히 말하면 무질서한 것이 아니라 균등한 상태, 즉 가장 가능성이 높은 상태가 엔트로피의 본질입니다. 엔트로피 증가의 법칙이란 입자는 평형 상태로 이동하는 것이며, 에너지적으로 볼 때는 더 안정된 방향을 의미합니다. 결국 엔트로피 증가의 법칙은 최종적으론 $dS=0$이 되는 엔트로피 최대치에 도달하게 되는 것을 말합니다. 이에 따르면 우주 또한 엔트로피 증가의 법칙에 의해 '열적 죽음'이라는 상태에 도달하게 될 것입니다.

이 법칙이 왜 중요할까요. 엔트로피 법칙은 시간이 나아가는 방향이 한 방향임을 결정하는 유일한 물리 법칙이기 때문입니다. 시간은 반드시 미래의 방향으로 나아가고 과거로 돌아가지 않습니다. 너무나 당연한 이 현상에 정확히 들어맞는 방정식은 정말로 이것뿐입니다.

엔트로피 증가의 법칙이 가진 매력은 '시간은 되돌릴 수 있는가'라는 오래전부터 존재한 인류의 근원적인 질문에 대답할 수 있는 유일한 식이라는 점입니다.

물리학에서 외부와의 상호 작용이 차단되어 에너지나 물질의 교환이 전혀 없는 계가 있습니다. 만약 고립계에서 엔트로피가 감소한다면? 감소시킬 수 있다면? 이것은 시간의 화살이 반대로 작용해 과거로 시간이 흐르고 있다는 것을 말합니다.

양자 세계에서는 이렇게 시간이 반대로 흐르는 소립자가 등장하거나 기묘한 행동을 보이는 일이 자주 있습니다. 하지만 현대 물리학에서 엔트로피 감소는 불가능합니다. 만약에 시간여행이 가능하다면 그 희망은 양자론에 있을 겁니다.

열역학의 릴레이 주자들

엔트로피라는 양이 발견되기까지의 일화를 이야기해보겠습니다. 젊은 프랑스 물리학자 사디 카르노(Sadi Carnot)는 영원히 에너지를 생성하는 영구 기관을 고안하는 과정에서 중대한 발견을 합니다. 그는 현실에는 없는 가상의 열기관을 고안해 '카르노 사이클(Carnot cycle)'이라고 이름 지었습니다. 이는 오늘날 엔트로피를 가르칠 때도 반드시 등장하는 열기관입니다. 이 과정에서 보존되는 어떤 물리량을 발견하는데, 이것이 바로 우리가 말하는 엔트로피입니다.

그는 카르노의 원리를 통해 영구 기관이 불가능함을 밝힙니다. 그리고 이 발견이 엔트로피 증가 법칙의 원형이 됩니다. 카르노는 36세라는 젊은 나이에 콜레라에 걸려 세상을 떠나게 됩니다. 그 후 루돌프 클라우지우스가 카르노 사이클 연구에 매진합니다. 그는 1865년에 발표한 논문에서 S라는 문자를 사용해 엔트로피라는 물리량을 처음으로 정량화했습니다. 열역학이 태어난 순간이었습니다.

엔트로피란 '변환'을 의미하는 그리스어 '트로페(τροπή)'에서 클라우지우스가 따온 말입니다. 기호 S를 쓴 이유는 분명하지는 않은데, 비운의 죽음을 맞이한 사디 카르노의 S에서 가져왔다는 설이 많습니다. 사실 여부는 알 수 없지만 선배 연구자에게 경의를 표했던 것은 분명합니다. 클라우지우스도 1854년에 클라우지우스의 부등식을 만든 후에 엔트로피의 개념이 명확해질 때까지 대략 11년의 세월을 보내야 했습니다. 천재들의 세계는 사실 이토록 기다림과 시행착오의 연속입니다.

엔트로피에 대한 연구는 제1주자 카르노에서 제2주자 클라우지우스로, 그리고 제3주자로 이어집니다. 제3주자, 루트비히 볼츠만(Ludwig Boltzmann)은 엔트로피를 상태수로 정의하는 식을 도출합니다.

[상태수란 하나의 물리적 상태를 이루기 위해서 입자들이 놓일 수 있는 미시적 규모의 배열의 가짓수를 말합니다. 어떤 에너지와 조건을 가진 계가 취할 수 있는 '가능한 모습'의 개수라 볼 수 있습니다. 방 안을 상상해봅시다. 수많은 공기 분자들이 각자 서로 다른 위치에서, 서로 다른 속도로 움직입니다. 공기 분자들이 방을 채울 수 있는 가짓수는 무궁무진한데, 그 가능한 모습의 개수가 바로 상태수입니다. 겉으로 보기에는 별반 다르지 않은 같은 상태처럼 보이더라도, 그 속에는 수없이 많은 미시적 규모의 배열 가능성이 숨어 있는 것입니다. 볼츠만은 이 상태수에 로그를 취한 값을 엔트로피로 표현했습니다. 계의 가능한 모습의 가짓수가 많을수록 엔트로피는 더 커지고 더 무질서합니다. — 감수자 해설]

볼츠만의 묘비에는 볼츠만의 엔트로피의 수식이 새겨져 있습니다. 좌우명이 아니라 좌우 수식이네요. 여러분도 자신이 좋아하는 좌우 수식을 한번 정해보길 바랍니다. 볼츠만은 열역학을 거의 완성하고 열역학 연구의 방식을 거시 세계에서 미시 세계로 옮겼습니다. 이게 바로 앞에서 살펴본 통계 역학입니다. 볼츠만은 이 분야 연구를 통해 과학계에 큰 공헌을 합니다.

다음으로 제4주자 맥스웰이 등장합니다. 그는 열역학에 '맥스웰의 악마'라는 난제를 던집니다.

[맥스웰의 악마는 19세기 물리학자 제임스 맥스웰이 상상한 사고 실험 속 특별한 존재를 말합니다. 맥스웰의 사고 실험은 이런 것이었습니다. 뜨거운 기체와 차가운 기체로 가득한 방 2개가 있고, 두 방 사이에는 작은 문이 있습니다. 그 문 앞에 작은 악마, 맥스웰의 악마가 지키고 있는데, 이 악마는 눈이 무척 좋아서 방 안의 공기 분자들의 움직임을 하나하나 볼 수 있죠.

악마는 분자들을 보면서 선택적으로 문을 열고 닫습니다. 뜨거운 방 안에서 빠르게 움직이는 분자가 문을 향해 날아올 때만 문을 열어 차가운 방 쪽으로 보내고, 느리게 움직이는 분자는 다시 뜨거운 방으로 돌려보냅니다. 그렇게 한참이 지나고 나면 언젠가 차가운 방에는 빠르게 움직이는 분자가 많아지고 방의 온도가 뜨거워지겠죠. 반대로 뜨거웠던 방은 느리게 움직이는 분자만 가득한 낮은 온도가 됩니다.

이렇게 되면 두 방의 온도가 섞이면서 골고루 공기 분자가 미지근하게 달궈지고 엔트로피가 증가하는 방향으로 흘러가는 게 아니라, 오히려 두 방의 온도가 더 극명하게 갈라지고 엔트로피가 줄어들게 되는 것입니다! 이 실험은 엔트로피가 항상 증가하고 무질서한 방향으로 흘러가야 한다고 이야기하는 열역학 제2법칙을 거스르는 것처럼 보입니다. 이 모순된 상황은 물리학자들을 골치 아프게 만들죠. 일종의 난제가 만들어진 것입니다. 이 상상 속의 악마를 맥스웰의 악마라고 부릅니다. — 감수자 해설]

  '맥스웰의 악마'는 어떤 연구적 성과라기보다는 '엔트로피 증가의 법칙을 깨는 악마 같은 존재'가 있다는 패러독스를 가리키는 개념입니다. 이 난제는 150년에 걸쳐 끝나지 않고 있습니다. 2019년 러시아의 물리학자 고디 레소비크(Gordey Lesovik) 팀이 양자 컴퓨터 실험으로 다시 악마를 부활시켰습니다. 그들은 시간의 화살이 역행하는 상황을 인위적으로 만들었습니다. 카페의 바리스타로 등장했던 막스웰이 예언했던 그 악마가 부활한 것이죠. 가게에서 커피를 쏟은 손님에게 '이것을 다시 다 주워 담을 수 있다'라고 말한 그 대사입니다. 현대 물리학에서는 악마의 속삭임입니다.

"나만큼만 깊이, 그리고 끊임없이
수학적 진실을 생각하기만 한다면
내가 발견한 것 정도는 누구라도 발견할 수 있을 것이다."
― 카를 프리드리히 가우스

№ 2

데이터 분석의 왕, 편차치부터 주가 예상까지

가우스 분포 공식

　　가우스만큼 후대의 수학과 물리학, 천문학에 폭넓은 영향을 끼친 인물은 없습니다. 그의 이름은 수식과 공식은 물론이고 기호나 단위명에도 새겨져 있습니다. 가우스는 19세기 최대의 수학자라 불리며 레온하르트 오일러(Leonhard Euler)와 함께 2대 거인으로 칭송받는 위대한 과학자입니다.

　수학자 가우스의 위대한 발견 에피소드는 무척이나 많습니다. 한 사람이 평생 동안 얼마나 많은 업적을 이루었는지 순위를 매긴다면 아마 그가 5위 안에 들 것입니다. 1777년 독일에서 태어난 가우스는 소년 시절부터 수재로 인정받았습니다. 말도 제대로 하기 전부터 배운 적이 없는 계산을 스스로 해냈다고 합니다. 가업은 벽돌공이었는데 부모가 모두 학문과는 관련이 없었기에 그야말로 수학의 신이 보낸 신동이라 여겨졌을 것입니다.

7세 무렵 선생님이 "1부터 100까지의 숫자를 모두 더하세요"라는 문제를 냈는데 가우스가 스스로 등차수열의 합 공식을 생각해내 답을 바로 구했다는 유명한 일화가 있습니다. 선생님도 "가우스에게 가르칠 것이 없다"라며 단념했다고 합니다.

15세 무렵 소수에 관심이 많았던 그는 소수가 나타나는 확률을 구했습니다. 소수는 자신과 1 외에는 나누어지지 않는 특징이 있죠. 100까지의 소수는 2, 3, 5, 7로 시작해 전부 25개입니다. 1000까지의 소수는 168개밖에 안 됩니다. 이것이 백 년 후에 증명되는 '소수 정리'입니다. 소수 정리는 큰 수까지 소수가 얼마나 많이 있는지 알려주는 수학 규칙입니다. 어떤 큰 수 n까지의 소수의 개수는 대략 n을 n의 자연로그로 나눈 값과 비슷해진다고 합니다. 중학생 정도의 소년이 백 년 후에 발표될 수론의 난제를 제시하다니, 남다른 차원에 정말 놀라지 않을 수 없습니다.

수학의 신이 인간 세계에 떨어졌다

가우스가 이루었던 업적 중에서 그의 관심이 가장 높았던 분야는 수론이었습니다. 24살에 천문대에서 일했던 그는 계산을 통해 왜소 행성 세레스의 궤도를 정확히 예측합니다. 학창 시절에 외웠던 '수금지화목토천해'가 아닌 '수금지화(세)목토천해'

라는 문구를 들어본 적이 있나요. 미지의 천체 궤도를 결정했다는 위업을 이루었는데도 가우스는 다음과 같이 말했습니다. "아무리 아름다운 우주의 천체를 발견했어도 고등 정수론이 주는 희열에 비할 바가 못 된다." 천체의 발견보다 수론에서의 발견이 최고라는 말입니다. 가우스는 완전히 다른 세상에 사는 천재였습니다.

수론에는 소수에 관한 난제가 많이 등장합니다. 그의 호기심은 이미 어린 시절부터 확실한 방향을 향했다고 할 수 있겠습니다. 그중 대표적인 일화가 '가우스 정수 17'입니다. 열아홉의 어느 날 아침, 잠에서 깬 순간 가우스의 머릿속에는 정17각형 작도에 대한 생각이 번개처럼 떠올랐습니다. 작도란 눈금이 없는 자와 컴퍼스만으로 도형을 그리는 일을 말합니다. 그때까지 정다각형 중에서 정삼각형, 정사각형, 정오각형, 그리고 정15각형만이 작도가 가능하다고 알려져 있었습니다. 기껏해야 이것들을 2배로 한 정다각형까지만 작도할 수 있었습니다. 그런데 가우스는 약 이천 년 만에 이 기록에 새로운 기념비를 세운 것이죠. 수학에서는 정수론과 복소수의 발전이라는 중요한 전환점을 맞는 순간입니다. 17은 가우스 정수라는 특수한 수입니다. [17은 일반적인 정수 체계에서는 소수입니다. 하지만 복소수의 개념이 추가된 가우스의 정수 체계에서 17은 $(1+4i)(1-4i)$로 인수분해가 가능하게 되며, 더 이상 소수가 아니게 됩니다. 즉, 일반 정수 체계에서는 소수였던 숫자가 허수를 포함한 복소수의 세계에서는

다른 무언가로 나눠질 수 있는 합성수가 되는 것입니다. - 감수자 해설]

더 설명하는 것은 복잡하니 일단 이 이야기는 접어두겠습니다. 가우스는 이 발견을 매우 마음에 들어해 자신의 묘비에도 정17각형을 새기게 했다고 합니다. 갑자기 그런 주문을 받은 석공은 어리둥절했을 것 같습니다. 이토록 수많은 위업으로 빛나는 그의 인생에서 가장 운이 좋았던 점은 77세까지 살았다는 사실입니다. 당시로서는 매우 장수한 것입니다. 많은 천재들이 젊은 시절에 아깝게 생을 다했음을 생각하면, 가우스 같은 대천재가 1초라도 더 이 세상에 살아 있었다는 사실은 후대에게도 큰 행운이었죠.

데이터 해석의 기본이 되다

가우스의 이름이 붙은 공식이 많습니다. 가우스 적분, 정수의 정의인 가우스 기호, 기하학의 가우스 곡률, 가우스 정수, 전자기학에 등장하는 가우스의 법칙과 가우스의 발산 정리 등이 있습니다. 또한 물리의 전자기량이 포함된 단위계인 가우스 단위계라는 것도 있습니다.

그중에서도 우리가 살펴볼 가우스 분포 공식은 데이터 분석에 매우 효과적입니다. 고객 데이터 해석, 시청률, 시장 조사, 주가 예상, 상품 전략 등 다양한 분야에 사용할 수 있죠. 뿐만 아니라 확률론도 깊은 연관이 있어 도박을 수학적으로 해석할 수도 있습니다. 알아두면 손해 볼 일은 없는 수식입니다. 가우스 분포 수식은 다음과 같습니다.

$$\frac{1}{\sqrt{2\pi}\sigma} \exp\left(-\frac{(x-\mu)^2}{2\sigma^2}\right)$$

가우스 분포 수식

σ는 '시그마'로, exp는 '엑스포넨셜'로 읽습니다. 다량의 데이터를 다루는 통계학에 필수적인 수식으로 공식 명칭은 '정규분포'입니다. 이 식은 열역학에서도 등장했던 통계 역학과 관련이 있습니다. 통계 역학과 통계학이 헷갈리지는 않겠지만 정리해봅시다. 통계 역학은 주로 기체와 고체 같은 물체의 미세한 입자를 다룹니다. 통계학은 좀 더 일반적인 인간 사회의 데이터를 다룹니다. 통계학은 '통계 해석'이라고도 불리는 수학의 한 분

야입니다. 데이터 해석의 기초도 바로 통계학입니다.

이 수식의 대략적인 의미는 '수치가 평균값 μ(뮤)의 주위에서 어떻게 분포할까'라는 것입니다. 정규 분포 그림을 보면 마치 산과 같은 모양을 갖추고 있습니다. 편차치를 떠올리면 이해하기 쉽습니다.

예를 들어, 어떤 시험을 응시한 집단이 있다고 합시다. 그 집단의 성적을 생각하면 평균점에 가까운 점수를 받은 사람이 가장 많고, 성적이 극단적으로 나쁜 사람과 극단적으로 좋은 사람이 소수 존재합니다. 이 수식의 산의 폭을 정하는 것이 σ로 '표준편차'라고 합니다.

편차치는 평균점을 50으로 하고 σ가 10이 되도록 정규화한 것입니다. 이로써 시험 점수를 받은 학생의 분포가 정해집니다. 많은 경우 정규 분포를 따라 편차치가 60이면 상위 16퍼센트가 되고, 70 이상이면 상위 2퍼센트가 됩니다.

가우스 분포는 다양한 상황에 적용할 수 있는데, 집단의 규모가 클수록 대부분 정규 분포를 따른다는 것을 알 수 있습니다. 통계 역학에서도 가우스 분포를 적용합니다. 물리량에 대한 입자의 분포를 나타내는 함수를 '분포 함수'라고 하는데, 가우스 분포는 가장 대중적인 분포 함수입니다. 기체 분자의 속도에 따른 분포도 가우스 분포를 이룹니다. 이를 '맥스웰-볼츠만 분포'라고 합니다. 열역학을 이룬 릴레이 주자 두 사람도 모두 가우스의 손바닥 위에서 춤추고 있는 듯합니다.

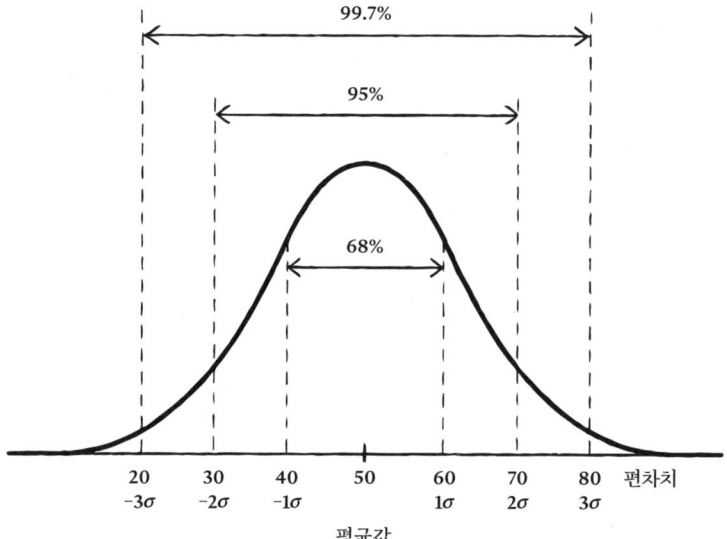

가우스 분포

이 수식의 매력은 사회적인 데이터 분석에 매우 유효하다는 점입니다. 사회란 다수의 인간이 존재하는 집단입니다. 통계의 거시적인 목적은 다양한 사회 집단의 데이터에서 도움이 되는 정보를 추출하는 일입니다. 이때 가장 중요한 정보는 평균값과 표준편차입니다. 이것을 구할 수 있게 해주는 것이 바로 가우스 분포의 장점이죠.

№ 3

박사가 사랑한 수식
오일러의 등식

수학계의 2대 거인이 18세기의 오일러와 19세기의 가우스라고 말했습니다. 레온하르트 오일러는 수학자이자 천문학자이며 동시에 물리학자이기도 했습니다. 그가 남긴 연구 성과는 가우스에 결코 뒤지지 않습니다. 76년의 생애 동안 그는 해석학, 기하학, 정수론을 비롯한 다양한 분야에서 경이로울 만큼 엄청난 수의 업적을 남겼습니다.

말년에는 오른쪽 눈이 보이지 않게 되자 자신이 구상한 논문을 구술로 남겼습니다. 그래서 오일러는 귀가 들리지 않게 된 작곡가 베토벤처럼 수학계의 '애꾸눈 거인'이라 불기도 합니다. 그의 업적은 무궁무진합니다. 오일러의 사후 백 년 이상 지난 1911년에 그의 전집이 발행되기 시작했는데, 출간하기 시작한 지 백 년도 넘은 현재까지도 완결되지 않을 정도입니다. 지금도

"수학은 우리의 두뇌를 훈련시키고
정신을 예리하게 만든다."
― 레온하르트 오일러

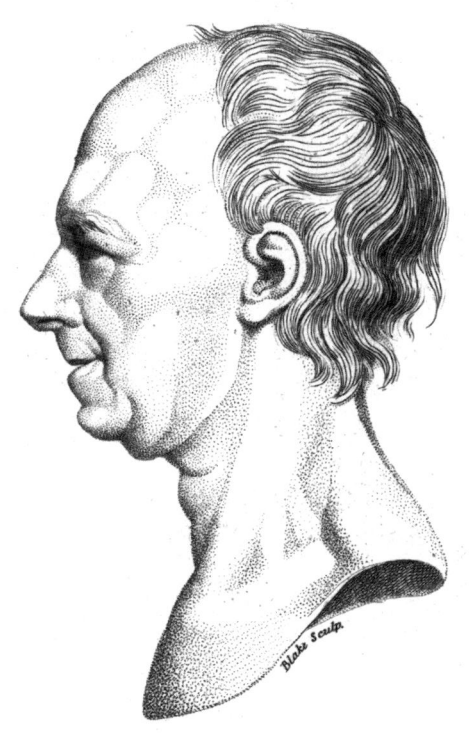

LEONARD EULER.

매일 오일러의 논문에서 무언가가 새롭게 발견된다고 합니다.

오일러는 뉴턴 이론에 손을 댄 유일한 수학자이기도 합니다. 뉴턴이 『프린키피아』를 간행하고 약 반세기 후에 오일러는 '해석 역학'으로 뉴턴 역학을 다듬었습니다. 오일러의 대표적인 업적 중에 우리에게 널리 알려진 공식들이 많습니다. 예를 들면 '(꼭짓점의 수) - (모서리의 수) + (면의 수) = 2'라는 공식입니다. 이는 모든 다면체가 만족하는 법칙으로 정다면체는 물론 축구공의 구조에서도 성립합니다. 이를 '오일러 다면체 정리'라고 합니다.

물리학에서는 '오일러의 운동 방정식'이 유명합니다. 강체라는 입체물의 운동을 다루는 수식입니다. 또한 우주 분야에서 유체 역학을 다룰 때에도 오일러의 해석학적 접근이 필수입니다. 이토록 대단한 오일러의 업적 중 단순하면서도 깊은 의미를 내포한 '오일러의 등식'에 대해 알아보겠습니다.

자연계에서 가장 아름다운 수식

오른쪽이 바로 위대한 수학자 오일러가 남긴 유명한 등식입니다. 수학자들에게 가장 좋아하는 수식을 단 하나만 고르라고 한다면 아마 1위를 차지할 수식일 것입니다. 오일러의 등식은 '자연 과학에서 가장 아름다운 수식'이라고 칭해집니다.

$$e^{i\pi}+1=0$$

오일러의 등식

그 이유는 수학의 기초가 되는 캐릭터들이 모두 등장하면서 그것들이 매우 단순하게 결합한 식이기 때문인데요. 무한에 가까운 초월수인 원주율 π, 루트 -1인 허수 단위 i, 곱셈의 항등원인 +1과 덧셈의 항등원인 0이 모두 모인 완벽한 수식입니다. 수학에서 가장 중요한 다섯 가지 상수 0, 1, i, π, e와 세 가지 연산자 더하기, 곱하기, 지수만으로 하나의 수식을 완성시켰습니다. 이 수식의 물리학 버전이 앞에서 소개한 '플랑크 길이'라고 할 수 있습니다.

오일러 등식의 원형은 '오일러의 공식'으로 $e^{i\theta} = cos\theta + i\, sin\theta$라는 수식에서 유래했습니다. 이 식도 유명해서 대입 수학 시험에서 필수로 출제되기도 합니다. 이 수식은 반지름이 1인 원의 각도로 자주 설명되곤 합니다. 반지름이 1인 원의 둘레는 2π이고, 360도가 원의 전체 각도이기 때문에 각도 θ의 180도는 π이며, 이를 대입하면 오일러의 등식이 됩니다. 오일러의 등식은 삼각 함수와 지수 함수가 허수 i를 다리 삼아 아름답게 연결되어 있습니다. 각각의 캐릭터를 아는 사람이라면 넋을 놓을 정도로 아름다운 연출입니다.

이 수식은 소설 『박사가 사랑한 수식』에도 등장합니다. 혼자 어린 아들을 키우는 가정부와 기억 장애를 앓는 노수학자의 우정을 그린 소설이죠. 가정부의 어린 아들 루트는 나중에 수학 교사가 됩니다. 그리고 오일러의 공식에 대해 이렇게 말합니다.

π는 어디까지나 한없이 계속되는 무리수입니다.

무한한 우주로부터 π가 e의 품으로 내려앉습니다.

그리고 부끄럼쟁이 i와 악수를 합니다.

그들은 몸을 가까이 하고 가만히 있습니다.

e도 i도 π도 결코 연관성이 없습니다.

하지만 한 사람의 인간이 단 한 가지 더하기를 하면 세상이 바뀝니다.

모순되는 것들이 통일이 되어 제로 0이 됩니다.

요컨대 '무(無)'로 끌어안게 됩니다.

어떤 연관도 없고 너무나 다른 존재들이 서로 연결되는 그 아름다움에 대해 이토록 멋진 표현이 또 어디에 있을까 싶습니다.

"모든 자연 현상은 그저 적은 수의 불변하는 법칙에서 나온 수학적인 결과일 뿐이다.
자연은 적분의 어려움을 웃어넘긴다."
— 피에르 라플라스

№ 4

계속 더해도 마이너스가 된다
무한급수 공식

앞에서 가우스가 소년 시절에 '1부터 100까지의 수를 모두 더하면?'을 어떻게 풀었는지에 대한 일화를 살펴보았습니다. 이 문제의 풀이는 100×101/2입니다. 고등학교 수열에서도 배우는 공식이지요. 가우스는 이 수열 공식을 7세에 스스로 발견했습니다. 여기서 더하는 수를 1000으로 늘리면 1000×1001/2=500500이 됩니다. 그러면 이런 식으로 수를 무한대까지 키워가면 어떻게 될까요? 결코 줄지 않고 무한대로 나아갈 것이라 생각되지요?

그런데 이런 수식이 등장합니다.

$$1+2+3+\cdots =-\frac{1}{12}$$

무한급수 공식

이 수식은 1913년에 스리니바사 라마누잔(Srinivasa Ramanujan)이라는 인도 수학자가 고안한 수식으로 '라마누잔 합'이라고 합니다. 이 식은 규칙적으로 많은 수를 더하는 무한 급수의 구조를 설명합니다.

무한은 결국 마이너스로 나아간다

'무한'이라는 것은 단순한 덧셈의 관점에서 보면 계속 커지기만 하는 것으로 느껴질 것입니다. 그러나 라마누잔을 비롯한 수학자들은 무한의 끝에서 급수가 어떤 종류의 진동을 나타냄을 발견하고, 그 결과 합계값이 제로 주변에서 흔들려 마이너스가 된다는 것을 알아챘습니다.

현대 수학에서 이 수식은 '리만의 제타 함수'라는 특수한 함수를 응용한 것입니다. 제타 함수를 쓰면 $\zeta(-1) = 1/12$가 됩니다. 이 수식에서 ζ는 '제타'라고 읽습니다.

리만은 아인슈타인에게 영향을 준 리만 기하학의 베른하르트 리만을 말합니다. 리만 제타 함수는 소수의 곱, 그리고 현상금이 걸린 미해결 문제로 알려진 '리만 가설'과 관련이 있습니다. 리만 가설은 제타 함수에 관한 난제로 소수의 이상한 분포와도 연관이 있습니다. 지금도 많은 연구자가 씨름하고 있는 중요한 주제입니다.

이 무한급수의 결과는 단순히 수학만의 문제가 아닙니다. 실제로 두 장의 금속판을 평행으로 놓았을 때 작용하는 인력인 '카시미르 효과(Casimir effect)'와 관계가 있습니다. 마이너스는 이 힘이 인력임을 의미합니다. 진공 에너지, 우주론의 암흑 에너지, 그리고 우주 상수와도 밀접한 연구 주제입니다.

이 이상한 무한급수 공식이 우리 우주의 근저를 결정하고 있을지도 모른다니 신기할 따름입니다. 초끈 이론에서 26차원의 공간이 등장하는데 여기에도 이 무한급수의 결과가 반영되어 있습니다.

라마누잔, 신께 드리는 기도로 수학을

이 수식이야말로 누군가를 유혹하기에 아주 좋은 식일지도 모릅니다. 겉보기엔 쉬워 보이지만 도저히 이해가 안 되는 식이니까요. 어떻게 해답이 마이너스 12분의 1이라는 값이 되는 것인지 일반적인 관점에서는 이해하기 힘드니까요.

이 식도 정말 미스터리하지만 이 수식을 고안한 수학자 라마누잔은 더욱 신비로운 인물입니다. 라마누잔은 인류사상 가장 이질적인 천재일 것입니다. 신에게 기도하면 영감을 받아 수식이 머릿속에 떠오른다 했던 사람이기 때문입니다.

인도에서 태어난 라마누잔은 독실한 힌두교도였습니다. 그는 짧은 생애 동안 수학의 정수론, 무한급수, 분할 함수, 원주율, 소수와 같은 다양한 분야에서 혁신적인 업적을 남겼습니다. 라마누잔의 업적은 대부분 증명 없이 직관적으로 기록됐었고, 후대의 수학자들은 그를 이해하기 위해 새로운 수학적 기법을 개발하게 됩니다. 그는 수학 발전의 원동력이 된 천재였습니다.

그는 가난한 가정에서 태어났지만 어린 시절부터 수학에 천재적인 재능을 보였습니다. 10대에 고등수학 개론이라는 책을 발견하는데, 이 책에 나오는 수학 공식들을 독학으로 연구하며 수학적 직관 능력을 발전시킵니다.

라마누잔은 자기만의 천재적인 수학적 설명을 만들어갔지만 수학 외에 다른 공부에는 관심이 없었습니다. 학교 성적은 나빴고 장학금을 딸 수 없었습니다. 집안 형편상 정규 교육을 마치지 못했지만, 지역 수학자들의 도움으로 1909년부터 독립적으로 연구를 해나갑니다.

마드라스 항구의 사무직으로 일하던 라마누잔은 자신의 수학적 공식과 정리를 영국의 수학자 해럴드 하디(Harold Hardy)에게 보냅니다. 라마누잔의 천재성을 알게 된 하디는 그를 케임브리지대학으로 초청합니다.

그의 인생은 말 그대로 신비 그 자체였습니다. 그의 일대기를 다룬 영화 〈무한대를 본 남자〉도 있으니 꼭 한번 보길 바랍니다. 라마누잔은 자신이 발견한 수식을 스스로 증명하지 않았습니다. 수식을 만든 사람이라면 당연히 알고 있을 증명 방법을 그는 몰랐다는 겁니다. 그는 신이 수식을 보여줬다고 말했습니다. 그만큼 범접할 수 없는 천재였던 것이지요. 라마누잔은 자신이 발견한 아름다운 수식을 땅에 쓰고 한없이 바라보곤 했다고 합니다. 그러니 신에게서 계시를 받았다고 설명할 수밖에요.

다행히 라마누잔의 옆에는 하디가 있었습니다. 케임브리지대학에서 하디 교수와 함께 수식의 증명 작업에 몰두했습니다. 그 결과 오늘날에도 빛나고 있는 수많은 라마누잔의 마법 같은 수식들이 탄생한 것입니다. 안타깝게도 라마누잔은 불과 32세라는 젊은 나이에 세상을 떠나고 맙니다.

라마누잔이 가우스나 오일러처럼 장수했다면 어땠을까 하고 상상해보게 됩니다. 현대 물리학과 수학이 아직 손에 넣지 못한 '최강 무기가 되는 수식'을 분명히 굉장히 많이 만들었을 테지요. 그는 지구상에서 유일하게 '신의 언어'를 직접 해석한 사람이었습니다. 만약 외계인이 지구의 천재 중 단 한 명만 데려간다면 아인슈타인이 아니라 분명 라마누잔을 고르지 않았을까 생각합니다. 여전히 거대한 미지의 세계로 남겨진 이 우주에 그만큼 잘 어울리는 수학자가 없을거라 생각합니다. 그것이 라마누잔을 이 책의 제일 마지막에 소개한 이유이기도 합니다.

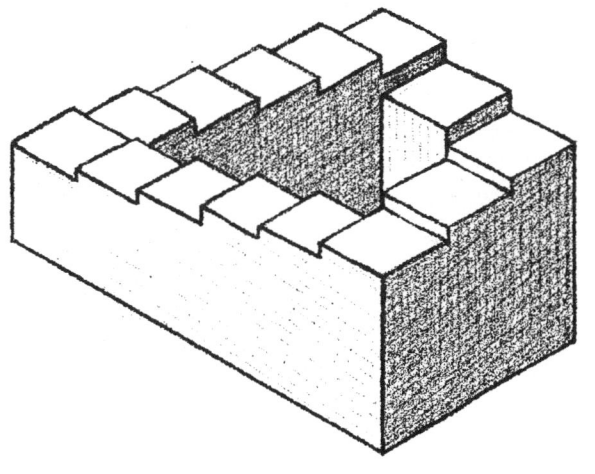

옮긴이 **최지영**

한양대학교 대학원 일본언어문화학과에서 일본 문화를 전공했다. 출판사에서 편집자로 근무하며 일본 소설, 인문서, 미술 도서를 만들었다. 글밥아카데미를 수료하고 현재 바른번역 소속 번역가로 활동 중이며 『수학으로 생각하기』, 『꿈꾸는 우주』, 『욕망의 명화』, 『하루 5분, 명화를 읽는 시간』, 『52개 주제로 읽는 로마인 이야기』 등을 번역했다. 인문학, 교양과학 등 앎의 즐거움을 주는 책에 관심이 많다.

우주를 사랑한 수식

초판 1쇄 발행 2025년 5월 20일

지은이 | 다카미즈 유이치
옮긴이 | 최지영
감수 | 지웅배
펴낸이 | 김보경

편집개발 | 김지혜, 하주현
기획마케팅 | 박소영, 송성준
디자인 | 박대성   일러스트 | 임하정(pattsmith)
영업 | 권순민   제작 | 한동수

펴낸곳 | 지와인
출판신고 | 2018년 10월 11일 제2018-000280호
주소 | (04015) 서울특별시 마포구 양화로 1길 29, 2층
전화 | 02)6408-9982 FAX | 02)6488-9992 e-mail | books@jiwain.co.kr

ISBN 979-11-91521-44-3 03410

· 책값은 뒤표지에 있습니다.
· 잘못된 책은 구입처에서 바꿔 드립니다.
· 이 책은 저작권법에 따라 보호받는 저작물이므로 무단 전재와 무단 복제를 금하며, 이 책 내용의 전부 또는 일부를 이용하시려면 반드시 저작권자와 출판사의 서면 동의를 받아야 합니다.
· '지식과 사람을 가깝게' 지와인에서 소중한 아이디어와 원고를 기다립니다. 연락처와 함께 books@jiwain.co.kr로 보내주세요.